普利茨克建筑奖获奖建筑师系列

让·努韦尔

刘松茯　丁格菲　著

中国建筑工业出版社

图书在版编目（CIP）数据

让·努韦尔/刘松茯，丁格菲著.—北京：中国建筑工业出版社，2010
（普利茨克建筑奖获奖建筑师系列）
ISBN 978-7-112-11794-9

Ⅰ.让… Ⅱ.①刘…②丁… Ⅲ.建筑设计-作品集-法国-现代 Ⅳ.TU206

中国版本图书馆CIP数据核字（2010）第023784号

责任编辑：王莉慧 何 楠
责任设计：赵明霞
责任校对：马 赛 陈晶晶

普利茨克建筑奖获奖建筑师系列
让·努韦尔

刘松茯 丁格菲 著
*
中国建筑工业出版社出版、发行（北京西郊百万庄）
各地新华书店、建筑书店经销
北京嘉泰利德公司制版
北京云浩印刷有限责任公司印刷
*
开本：787×1092毫米 1/16 印张：14 1/4 字数：342千字
2011年1月第一版 2011年1月第一次印刷
定价：**36.00**元
ISBN 978-7-112-11794-9
（19049）

前　言

建筑作为综合性的艺术，与哲学、社会学和高科技、文化艺术等相关领域表现出愈来愈密切的、更为本质化的联系。随着计算机时代的到来与深入向前发展，全球性的高科技文明对世界建筑发生的急风暴雨般的冲击，迫切需要创建信息时代的建筑创作原则与建筑美学。古代社会以手工方式生产的建筑，工业化社会以机械化方式生产的建筑，其建筑创作原则与建筑美学已无法满足当今社会以高科技方式生产的建筑的要求。许多先锋派建筑师已经为此作了深入的探讨，创作了一大批适应新时代发展的建筑作品。他们的作品出现一股新的感觉化思潮：以感性表象压倒理性本质；以突出的个性表现压倒普遍性的整体原则；以感官的直接性压倒抽象的概念性。这些先锋派建筑师们在相互融合和吸收的基础上，通过一系列超前的观念，新颖的建筑手法，全新的建筑美学，在时代的冲突与抉择面前进行全面创新，为当代西方建筑的发展提供了强大的生命力，并被西方建筑界所认可。号称是建筑界诺贝尔奖的普利茨克建筑奖不断地被授予这些先锋派建筑师。罗伯特·文丘里、弗兰克·盖里、克里斯蒂安·德·鲍赞巴克、伦佐·皮亚诺、诺曼·福斯特、雷姆·库哈斯、雅克·赫尔佐格和皮埃尔·德·梅隆、扎哈·哈迪德、理查德·罗杰斯、让·努韦尔等一批建筑师用他们惊人的想象力和充满幻觉的表现手法所设计的一大批代表信息化社会高科技时代特征的建筑作品，充分反映了这一倾向。他们的作品中所表现的新的创作思想、建筑美学走向、建筑创作原则、建筑表现手法值得我们深入探讨与研究。从这些先锋派建筑师的作品来看，新时代的建筑更加体现出了与这些因素相关的内在精神，使得当代西方建筑正在变成一种更具有辐射性、内在性和观念性的时代象征。因此，他们所设计的建筑作品对于时代的发展所产生的意义重大而深远。

法国建筑师让·努韦尔是继克里斯蒂安·德·鲍赞巴克之后第二位获得普利茨克建筑奖的法国建筑师。他的建筑创作灵感源于新时代的融合，他着力创造一种令人震撼的建筑之美。让·努韦尔能够以敏锐独特的视角、哲学思辨的态度、严谨综合的思维审视建筑，通过技术与艺术、传统与现代的交融创作出凝聚时代精神的诗意建筑。

让·努韦尔的建筑作品之所以令人耳目一新，原因之一是时代精神与历史文化的融合。他反对简单地复古，重视建筑与传统文化、城市肌理和周围环境的融合。他以传统与现代的和谐共处作为设计主题，力求捕捉历史文化的深层次要素，探寻体现时代内涵且独具特色的现代建筑创作。

让·努韦尔成功地演绎了现代建筑技术的艺术表现魅力。他以技术为杠杆，在建筑的物质功能和精神需求之间找到平衡。无论在情感诉求、艺术神韵、文化潮流上，还是个性塑造、逻辑辩证上，他的建筑作品都达成了技术与艺术的完美统一。技术理性与艺术浪漫的融合是让·努韦尔执着的追求。

让·努韦尔是一位善于运用建筑语言进行巧妙言说的建筑师。他一直孜孜不倦地以成熟稳健的姿态去探索经典语汇与现代修辞的融合，将建筑诗意表现得惟妙惟肖。他的每一件建筑作品都不是拘泥于某一种特定的风格，这与他的个性化设计手法是分不开的。他频频刷新了建筑语汇，变幻的光影、通透的墙体、含蓄的窗洞以及飘逸的屋顶极大地提升了建筑的表现力。他还采用精粹的修辞策略，以信息、情感、场域为媒介，塑造扑朔迷离的、诗意栖居的建筑。

通过对让·努韦尔建筑创作的设计理念、技术手段和表现手法三个层面的深入分析，从一个侧面揭示了当代西方建筑发展的深刻内涵。同时，也给我们中国建筑师提供一个不同的观察视角，使我们在了解当代西方建筑的发展轴线、思维模式、时代精神以及所带来的意义信息的同时，恰当地定位我国建筑师的设计理念。从而在融合、冲突、发展与创新的世界潮流中提高我们的建筑创作水平，早日向世界展示中国建筑的迷人风采，其现实意义和理论价值重大而深远。

希望本书的出版能为建筑院系的教师、研究生、大学生及建筑设计单位的建筑师们提供有益的借鉴。

目　　录

第二章 技术理性与艺术浪漫的融合

第三章 经典语汇与现代修辞的融合

导　　语

从金字塔到万里长城，从圣马可广场到北京故宫，上下五千年，纵横千万里——建筑艺术瑰宝流芳千古。建筑是时代的产物，在不同的时代背景下会产生不同的建筑风格。芒福德（Lewis Mumford）曾说过，每一个时代都在它所创造的建筑上写下它的自传。时代在进步，社会在发展，建筑文化也在不断地变化和更新。在 20 世纪中叶以来的大半个世纪，西方发达国家的建筑师亲历了由工业社会向后工业社会转型的时代变迁以及随后来势迅猛的信息革命。在这样激变时代的感召下，建筑师开始重新审视建筑艺术。正如法国哲学家利比雅兹所说，“这是一个怀疑和发问的时代，也是个体系崩溃，任何叛逆都可以说得通的时代”，意义再释与价值重估相互碰撞构成了建筑艺术创作的新语境。[1]以往的现代主义建筑因种种弊端不再适应新时代发展的需求，各种创新的建筑浪潮时有发生，建筑设计呈现出多元共存、交融共生的景象。

面对如此变换更迭的复杂环境，融合作为新世纪的主题正在悄然兴起。首先，全球化时代已经来临。全球化在本质上是一个内在充满矛盾的过程，它是一个矛盾统一体：它既包含一体化，又包含分裂化；既有单一化，又有多样化；既是国际化，又是本土化。面对全球化这一时代背景，本土与外来、传统与现代、国际与地域等二元对立的社会关系频频出现，致使多层次文化紧密相连。因此，建筑学的发展处于十字路口，融合是建筑师以辩证的观念对待建筑设计的有效途径。其次，知识经济的到来，为各学科知识的交叉互渗带来一种融合。行为学、社会学、生态学、环境学、技术哲学等知识不断渗透到建筑学学科之中，建筑学的开放性日益凸显，建筑设计的理念和实践也日趋复杂。此外，20世纪90年代至今，世界全面进入了信息时代。信息技术的飞速发展正在广泛、深刻地影响着政治、经济、文化和社会生活的方方面面，建筑领域也不例外。信息作为一种取之不尽的资源，它在传播过程中不断扩大和更新，信息为建筑师开辟了新视野，信息化逐渐成为新时代建筑融合的一种时尚。

在时代融合的大背景下，建筑设计领域发生了翻天覆地的变化。早在20世纪初期出现的现代主义建筑，突出的特点是适用、经济、适应标准的工业化生产，侧重人们物质需求的满足。而如今，社会物质财富日益丰富，社会经济飞速发展，建筑设计突破了现代主义建筑的限制，开始转向精神审美和文化意义的维度。西方20世纪著名建筑史学家N·佩夫斯纳曾经这样说过："建筑，并不是材料和功能的产物，而是变革时代的变革精神的产物。"[2]这一新的建筑文化现象的出现引发了近几十年来建筑设计的创新潮流，新现代主义建筑风格应运而生。秉承新现代主义理念的建筑师在坚持现代主义理性和功能性原则的基础上，结合新的社会时代背景，从不同的角度发展和完善现代主义，创造出具有个性化的建筑作品。美国洛杉矶艺术中心设计学院理论系和研究生院教授王受之先生在《世界现代建筑史》一书中评论说，"新现代主义风格目前在西方日益受到重视，从发展的趋势来看，新现代主义有可能在21世纪中形成潮流，成为当代建筑中的一个比较稳健的流派存在和发展。"[3]

在20世纪80年代以来的当代建筑领域中，让·努韦尔(Jean Nouvel)是一位杰出的法国建筑大师（图0–1）。他抓住了新时代融合的契机，以新颖独特的创作思维设计出许多优秀的建筑作品，他的作品充分地展现了新现代主义建筑的魅力。让·努韦尔自1970年代开始在建筑界崭露头角，多年来一直积极地投身于建筑事业，其独树一帜的建筑作品

图0–1
法国建筑师让·努韦尔

图 0-2
让 · 努韦尔在施工现场

遍布世界各地，包括法国、日本、德国、意大利、西班牙、英国、摩洛哥等国家(图 0-2)。让 · 努韦尔重视建筑与传统文化、城市肌理和现代社会的融合，探求了新建筑文化的建构和建筑创作中技术与情感的平衡及创新。30 多年来，让 · 努韦尔设计的精湛的建筑作品不断问世，获得了建筑界的普遍赞赏，曾多次获得奖项和荣誉。2008 年让 · 努韦尔赢来了“建筑界的诺贝尔奖”普利茨克建筑奖获奖建筑师的美誉，他是继 1994 年获奖建筑师克里斯蒂安 · 德 · 鲍赞巴克之后摘得这一奖项桂冠的第二位法国建筑师。

普利茨克建筑奖评委会在评语中写道：“在众多可以用于描述建筑师让 · 努韦尔的执业生涯的措辞中，大多数词汇都强调了他为了拓展自己的建筑创作领域而对于新观念的大胆追求及对那些大众已经认可的准则的大胆挑战。在 30 多年的执业期间，他将建筑师的理论与实践推到了新的极限。他那好奇而敏锐的思维促使他在他的每一个设计作品中引入新的元素，他的这种做法极大地拓展了当代建筑语汇的范围，丰富了现代建筑的内涵。自从 20 世纪 70 年代以来，他考虑如何采用新的解决方法来解决传统建筑问题。他对统一的标准化方法或公认的模式概念没有什么兴趣。他喜欢建筑体量与建筑形态的突变，这种突变将观众从一种美感带向另一种。对于光线、透明与不透明层的处理是他的建筑作品中不断涌现的主题。对于让 · 努韦尔而言，既定的环境包括文化、地理位置、项目的特定性以及不同的客户使他对每个项目采用不同的策略。”[4] 由此可见，让 · 努韦尔是一位极富创新精神的建筑师，他将具体的理性与抽象的可能性相融合，使所有潜在的可能性具体化。他的作品给人以清爽、精致的感觉，并充满浪漫主义的色彩和抒情意味。在让 · 努韦尔身上既有对历史传统的传承，也有对建筑方案可行性的驾驭；既有对建筑功能进行冷静、理性的分析，也有热烈而冲动的艺术激情；既有对现代技术的敏锐感知，也有对诗意浪漫的孜孜追求。因此，新时代的建筑创作更加需要建筑师具备广义的、综合的知识和观念，需要建筑师从现代新科学、新技术中吸取养分，在建筑设计中合理地、艺术地运用科学技术，创造出技术理性和艺术感性相结合的诗意建筑。正如叶如棠先生所说，“我们在继续提倡繁荣建筑创作的同时，更要强化精品意识……加大设计深度，着重处理好单体与群体、建筑与环境、形式与功能、地上与地下等诸方面关系，努力提高建筑创作质量和水平。”[5]

让 · 努韦尔设计的座右铭是：一件优秀的建筑设计应能震撼一个时代。[6]1981 年密特朗（Mitterrand）当选总统后，法国政府在建筑领域内采取了一系列积极的政策，包括允许文化部大大增加预算、建立建筑设计公开竞赛制度等等，宣示着法国建筑进入了空前的繁荣期。在 20 世纪 80 年代，法国政府修建了一系列重大的政府工程，有巴黎卢佛尔宫扩建、巴士底歌剧院、拉德方斯大拱门、法国新国家图书馆等项目。[7] 在法国，不论何种规模的公共建筑的设计方案，都必须通过设计竞赛取得。这种做法给建筑师，特别是年轻的建筑师提供了一个创作和脱颖而出的机会。在 1982 年，让 · 努韦尔在巴黎阿拉伯世界文化研究中心设计竞赛中胜出并在建筑界一举成名（图 0–3）。随后他设计出法国尼姆里昂歌剧院、圣 · 詹姆斯旅馆、尼姆住宅、CLM–BBDO 广告公司总部等多项建筑作品。虽然让 · 努韦尔也有过落选的经历，他认为自己在设计竞赛中的失败比任何一位建筑师都多。

图 0–3
阿拉伯世界文化中心

但是，他又比大多数人有更多的竞赛机会可以选择。20 世纪 90 年代前期，法国面临经济的不景气和西欧金融领域的 9 月风暴，建筑项目的投资逐渐转向公众和私人的投资，国家的经济困境给建筑师的创作带来一定的影响。但法国建筑创作的整体水平在世界建筑领域还是领先的。法国有着悠久的文化传统及丰富的文化遗产，法国文化的特征可以概括为理性、浪漫、自由——笛卡儿的理性主义深刻地影响着法国人的精神世界，理性成为法国人的主要思维方式；而香榭丽舍大街、凡尔赛宫、巴黎圣母院等等，又使浪漫成为法国被赋予最多的形容词；法国三色国旗的红色、白色和蓝色体现了法兰西民族的自由、平等、博爱精神。因此，法国在艺术方面极具活力。这些得天独厚的条件为让 · 努韦尔的建筑创作增添不少的生机。

经济全球化引起的世界文化趋同、日益密切的国际交流促进了西方文化和价值观借助其经济和科技的强大优势在世界各地进行渗透，这些使得国际建筑设计市场的竞争日益激烈。让 · 努韦尔的建筑创作思想和实践带给我们新的思考：融合是我们时代建筑创作的一个重要选择。

让 · 努韦尔的建筑创作历程

让 · 努韦尔于 1945 年 8 月 12 日出生在法国西南部洛特－加龙省（Lot-et-Garonne）的福梅尔市（Fumel）。他的母亲是英语老师，父亲是历史学家，双亲都从事教职工作。让 · 努韦尔小时候因为父亲转任校务行政管理工作的关系而常常搬家。在让 · 努韦尔八岁时搬到了萨尔拉（Sarlat）这个有着许多从中古世纪就存在的建筑物与街道的古老城镇。处在这样的环境中，让 · 努韦尔对建筑物上文艺复兴时期风格的装饰很感兴趣，这些建筑开启了他少年的艺术心灵。但是在学校里，让 · 努韦尔所接触的几乎都是数学、历史、几何学与法文，直到他 16 岁时才开始接触绘画。当时的一名高中美术老师德维耶对他略有赏识。因此中学毕业后，他梦想成为一名画家。但为了生计，父母希望他能成为数学家或科学研究人员。因此，让 · 努韦尔折中选择了学习建筑，1966 年他以入学考试第一名的成绩进入巴黎美术学院（les Beaux-Arts de Paris）建筑系学习，此后让 · 努韦尔便开始了他的建筑艺术创作生涯。[8][9]

让·努韦尔的建筑创作历程大致可分为四个阶段：

第一阶段是1960年代的学徒工作。让·努韦尔21岁时在朋友的帮助下，开始在激进的建筑师克洛德·帕朗（Claude Parent）的事务所做助手工作，这时也正是他在巴黎美术学院的学习期间。通过在事务所里的学习和工作，让·努韦尔逐渐熟悉了清水混凝土建筑的工艺和设计方法，对建筑有了进一步的了解和认识。建筑师克洛德·帕朗安排他负责设计在Neuilly的一栋80层的公寓，他成功地完成这栋建筑的设计方案，当年他仅23岁，而这座建筑可以算是让·努韦尔设计的第一栋建筑。此外，克洛德·帕朗当时与理论家保罗·维里略（Paul Virilio）一起主持着前卫理论杂志《建筑方针》（Architecture Principle），这使让·努韦尔得以在实践之外与保罗·维里略探讨关于建筑与城市理论的问题。1968年5月，法国爆发了一场大规模的以学生为主、反对现存社会秩序的革命运动——“五月风暴”。这是一次自上而下地反对最高统治者和官方制度的群众运动。在由工业社会向后工业社会的转变过程中，传统文化行为和价值观念崩溃了，而新的文化和价值观念又未能形成，于是各种批判性的思想深深地渗透到法国人的思维方式之中。建筑师们受到左翼思想的影响，开始信奉西方马克思主义，讨论着以科学代替理性，以及建立城市空间的民主与对话机制的问题。因此，在这期间克洛德·帕朗的思维方法和价值观念对让·努韦尔产生了较大的影响和熏陶，让·努韦尔在25岁时离开了克洛德·帕朗的事务所，并在克洛德·帕朗的支持下，开设了自己的工作室。

第二阶段是1970年代的创业初期。1971年让·努韦尔与大学同学弗朗索·塞涅（Francoi Seigneur）合开自己的建筑工作室。在工作室刚刚开设的前几年里，让·努韦尔主要依靠克洛德·帕朗提供的一些小规模的方案项目过日子。同年让·努韦尔获得了艺术与文学硕士学位，1972年获得建筑师资格。在创业初期，让·努韦尔设计完成了法国伯宗（Bezons）的瓦勒·圣母院外科医学中心（图0-4）、佩里格迪兰夫住宅、巴黎Baillais印刷厂、特雷利萨克幼儿园、特鲁瓦迪克住宅、特鲁瓦Devoldère住宅、巴黎再开发设计等多个项目。让·努韦尔着重关注建筑在现代与传统、场所环境和工业化特征方面的理念，

图 0–4
瓦勒 · 圣母院外科诊所

逐步形成其独有的兼具现代与后现代特征的建筑设计风格。1976年与友人发起法国建筑师三月运动，1977年成立建筑工会。通过克洛德 · 帕朗的引见，让 · 努韦尔认识了艺术评论家乔治 · 布达耶（George Boudaille），他有机会参与两年一次的艺术博览会馆设计。他开始针对城市和社会问题提出一些具有争议性的论点，同法国建筑界展开了激烈的竞争。虽然他没有深刻的、系统的理论，但是他有艺术家的灵感、修养和气质，让 · 努韦尔设计的建筑作品在形式和表现上独树一帜。

第三阶段是1980年代至1990年代初期的探索发展期。让 · 努韦尔在这一时期完成多项建筑设计创作，如1980年他曾与布景设计师雅克 · 勒 · 马凯一道做过几个剧院工程：樊尚剧院、巴黎的盖特 · 利瑞科剧院以及贝尔福市立剧院改造工程。1987年成功设计了对于让 · 努韦尔来说在建筑事业上具有里程碑意义的法国巴黎阿拉伯世界文化中心，他还主要设计了法国巴黎雷诺汽车公司俱乐部、尼姆住宅1期、南特科学与技术信息研究院、里昂新歌剧院（图0–5）、巴黎巴伊画廊美术馆、雷莫里诺市CLM–BBDO广告代理总公司、里尔新城中心综合体（图0–6）、南特法院、瑞士卢塞恩文化和会议中心（图0–7）、巴黎卡蒂尔基金会现代艺术中心、德国科隆拉法亚特精品廊等建筑作品。让 · 努韦尔的建筑作品之所以被广泛认可，主要在于他的那种对于自然、技术、传统、现代、电影、图像等各元素的充分融合而形成的独

图 0–5
里昂新歌剧院

到的建筑理念，以及他勇于创新的建筑实践。让 · 努韦尔也因此获得多项荣誉，1980 年他担任巴黎双年展中的建筑双年展的艺术顾问，被评为欧洲十大青年建筑师之一；1983 年获法兰西建筑科学院银质奖章和布宜诺斯艾利斯大学名誉博士学位；1987 年获得了法国国家建筑大奖；1990 年荣获阿卡 · 汗奖；1993 年被授为美国建筑师学会 AIA 荣誉会员。总之，让 · 努韦尔在这段时期的建筑创作仍主要集中在法国，但其设计理念和实践已被世界广泛关注。他一如既往地挑战自我并探索创新，逐渐成为当代法国最具世界影响力的建筑大师之一。

图 0–6
里尔新城中心综合体

图 0–7
卢塞恩文化和会议中心

第四阶段是1994年至今的稳健成熟期。1994年让 · 努韦尔建筑师事务所（AJN）建立，AJN聚集了不同专业的人才，并在罗马、哥本哈根、明尼阿波利斯、伦敦、巴塞罗那和马德里建立了分支机构。此后，让 · 努韦尔的新现代主义建筑风格日趋稳健成熟，其在建筑界的影响力与日俱增，他的建筑创作开始在其他国家开花结果。这一时期他的作品主要包括奥地利维也纳煤气中心A改建（图0–8）、德国汉诺威2000年世博会规划、韩国首尔三星艺术博物馆、瑞士卢塞恩旅馆、德国科隆媒体大楼、日本东京电通大厦、西班牙巴塞罗那艾伯格大厦（图0–9）、法国巴黎盖 · 布朗利博物馆（图0–10）、美国明尼阿波利斯格思里剧院、吉隆坡DNP塔楼、美国洛杉矶Suncal塔楼等等。让 · 努韦尔在这一时期更为关注的是从信息社会、生态文化、消费时尚等角度思考建筑设计。例如让 · 努韦尔把建筑师同电影导演相类比，把建筑设计从开始构思到施工完成当作一部电影的制作工程；他通过材料表现建筑物的透明性来表达建筑同它的基地以及时代的联系等等。这些建筑往往给人以多层次体验，具有典型的非物质化特征，具有一定的复杂性，而这些特征也恰恰映射出建筑的新时代融合。在这一时期，让 · 努韦尔以其非凡的设计天赋和精湛的建筑作品继续书写着他的荣耀，他在1995年被授为英国皇家建筑师

图0–8
维也纳煤气中心A改建

图0–9
艾伯格大厦

图0–10
盖 · 布朗利博物馆

学会 RIBA 的荣誉会员、1998 年获法国建筑学院金奖、2001 年获英国皇家建筑师学会金奖、获日本皇家世界文化奖、2005 年获沃尔夫建筑奖、2008 年获普利茨克建筑奖等多项荣誉。

综上所述，可以看出在 20 世纪 80 年代以来的当代西方建筑领域中，让 · 努韦尔是一位杰出的法国建筑大师。他在每一个建筑的设计过程中都对现实生活中的诸多因素给予理性的分析，对方案作出可行性的积极探索。让 · 努韦尔曾这样说道："我试图去阐述事情而不是描述它。我已经有了一种欲望那就是定义一个工程中可能发生的所有积极因素……知识和技术日益进步不断地丰富着我们的元素和语言，可以实现我 30 年前想都不敢想的事情。"[7] 可见，新现代生活的多层次的体验以及大量信息的涌入使得传统建筑原则受到了巨大的冲击，决定建筑物的因素已经从根本上发生了变化，不只是基本的功能需求，而是已经被外部的力量所改变了。让 · 努韦尔抓住了新时代融合的契机，从技术、情感、生态、图像、信息等角度挖掘蕴含在建筑设计中的规律性和潜在性，探索出一条符合时代发展的建筑创作之路。

对于让 · 努韦尔而言，新时代融合的建筑重在表现时代精神与历史文化的融合。在经济全球化的浪潮中，各个国家和民族站稳脚跟，保护自己的文化遗产，使自己的文化特色得以延续和发展至关重要。让 · 努韦尔对传统文化的尊重源于对本土文化的热爱和深厚的感情，这一点从让 · 努韦尔将其建筑师事务所设置在巴黎传统地段，即 18 世纪昂古莱姆（Angoulême）市的市政厅所在地的选址上就可看出他对保持联系场所与文脉的愿望。[7] 他热爱着本土文化，并通过现代技术手段使古老的文化传统重新活跃起来，这正是他建筑创作的生命力所在。让 · 努韦尔成名的代表作巴黎阿拉伯世界文化研究中心就是一个典型的实例，设计中将阿拉伯传统文化的图案与采用类似照相机光圈原理的现代技术相结合，创造出一幅生动的、现代的建筑立面。让 · 努韦尔还能够深入理解地域文化和建筑场所精神，创造性地运用建筑的装饰和丰富的色彩等来传递文化信息。让 · 努韦尔在传统与现代，建筑与环境之间找到物质和精神上的平衡，在过去、现在和未来之间权衡其坐标，从而创造出具有深刻的传统文化内涵和时代精神的建筑作品。

此外，新时代融合的建筑也重在表现技术理性与艺术浪漫融合。让 · 努韦尔善于用先进的建造技术和新材料创造独特的技术形象。他的建筑作品体现了高技术与高情感的统一、技术与艺术的融合。建筑学的经典书目《中国土木建筑百科辞典》(建筑卷)中对建筑学词条有如下阐述:“建筑一词英语为architecture,来自拉丁语architectura,可理解为关于建筑物的技术和艺术的系统知识,我们称之为建筑学。”从这段话可以得知,古典建筑学的内容包括技术和艺术两个方面。而且在工业革命之前,建筑师通常都扮演着工程师和艺术家的双重角色。自20世纪以来,建筑学的外延扩大到了人类聚居、城市、社会、自然、经济、哲学、科技、环境、文化、美学等多方面。但总的来看,建筑学仍然是技术与艺术密切相关的综合学科。因而,让 · 努韦尔在创作过程中,更多的是把新技术视为一种观念,也就是通过技术传达一种情感,或者作为一种象征标志。在他设计的南特法院、巴黎卡蒂尔基金会现代艺术中心、德国科隆拉法亚特精品廊等作品中,因自然、人、技术的有机融合而实现了技术的诗意表达。而且让 · 努韦尔还能够利用现代材料塑造虚幻和神秘的建筑空间。让 · 努韦尔对技术的应用结合了自然、生态、人文、地域、经济等不同的观点,技术理性与艺术感性的融合为他的建筑创作开辟了一条新的途径。

值得注意的是,新时代融合的建筑还重在表现经典语汇与现代修辞融合。让 · 努韦尔擅长用光、墙、窗等经典的建筑语汇,采用精粹的现代修辞策略创造出新颖的、符合场所环境的建筑形象。豪斯 · 杰拉德曾说过,“修辞是一种用以协调社会行为的交际活动,唯其如此,修辞交际才清楚地表明,它是实用的。其目的就是影响人们在某些急需处理的具体事务上的选择”[10],以达到人际互动的目的。让 · 努韦尔通过对经典语汇的巧妙运用和搭配,以及对建筑本体、建筑文化、建筑艺术等不同方面的关注,实现了建筑在其所处的自然环境和人文环境中展示出独特风格的设计宗旨。例如,在里昂歌剧院、南特法院等设计中,让 · 努韦尔利用光塑造色彩,利用光产生若隐若现的影像变幻效果,利用光来提高建筑的表现力。让 · 努韦尔的建筑作品中运用了模糊、重复、网格、消失等多种艺术表现手法,通过信息互动、情感互动和体验互动促成建筑诗意浪漫的表达。对于传统的建筑构件,让 · 努韦尔以多种现代修辞手法塑造出不同反响的建筑。

经典语汇与现代修辞的融合，已成为让・努韦尔进行建筑设计创新的一种行之有效的方法。

今天，在中国这样一个发展中国家，人口和生产的高度集中仍将继续，因此中国建筑业方兴未艾。中国建筑要发展，要吸纳百川、走向世界。法国当代建筑师让・努韦尔对传统、环境、文脉、地理、气候、文化、风俗的充分尊重和大胆革新值得我们深思和学习。因此，深入研究让・努韦尔的理念与实践对我们的建筑创作而言，更具有深远的理论价值和现实意义。让・努韦尔的建筑理论见解和大量优秀建筑作品给我们带来深刻的思考：进入 21 世纪，社会生活方式、文化理念、价值观发生深刻的变化，这些因素相互融合，共同构筑了建筑设计的影响圈。建筑师不能再盲从于某一学派，各种风格的建筑随新技术、新材料的出现和应用而广泛存在，个性建筑得到突出和体现。通过对让・努韦尔建筑创作之路的研究，可以明确一个当代建筑师创作的方向——努力创造具有时代精神、尊重历史与环境并具有浪漫诗意的当代建筑。

注释：

[1] 王岳川．后现代主义文化研究．北京：北京大学出版社．1992

[2] 佩夫斯纳 N. 王申祜译．现代设计的先驱者．中国建筑工业出版社．1987：26

[3] 王受之．世界现代建筑史．中国建筑工业出版社．1999：398

[4] http://www.pritzkerprize.com/laureates/2008/jury.html

[5] 叶如棠．迎接新世纪的挑战，加速中国建筑走向世界的步伐——中国建筑学会第八届理事会工作报告．建筑学报．1997，2：11

[6] 让・努韦尔．世界建筑导报——法国现代建筑专辑．世界建筑导报社版．1999，01/02：116~139

[7] 康威・劳埃德・摩根著．白颖译．让・努韦尔：建筑的元素．中国建筑工业出版社．2004

[8] Giampiero Bosoni. Jean Nouvel—Architecture and Design 1976–1995. Thames and Hudson Ltd，London. 1997

[9] Oliver Boissiere. Jean Nouvel. Birkhäuser Verlag. 1996

[10] 虞朋，布正伟．关于现代建筑语言中的修辞．世界建筑．2002.12：78~82

第一章　时代精神与历史文化的融合

时代，是一个动态的概念，指历史上以经济、政治、文化等状况为依据而划分的某个时期，它是随着时间的流逝而不断变动的。精神，指人的意识、思维活动和一般心理状态。[1]因此，时代精神强调的是一定时代的精神主流和基本价值取向，即为人民大众普遍认同与接受的一种主流文化。从这个意义来说，历史文化与时代精神是紧密相连的，共同影响着建筑艺术的发展。在当代西方建筑设计领域，一些建筑师越来越重视将历史传统与现代文明相结合，让·努韦尔就是典型的代表之一。让·努韦尔从1970年代开始步入建筑创作生涯，一方面，社会处于物质相对丰富、第三产业迅速崛起以及信息产业迅猛发展的时期，激变的时代不断激发出他的建筑创作灵感；另一方面，历史传统的传承创新在他的建筑创作中也是不可回避的问题，而这一问题在如今全球化和文化趋同的时代更是尤为重要。

让·努韦尔在建筑设计中能够有效地将传统文化融入现代设计理念之中，实现现代与传统的交流。他还擅长巧妙地处理建筑与城市环境的关系，使建筑有机地融合到历史环境之中。此外，让·努韦尔对建筑装饰的运用也融合了对传统的联想和对时代感的追求。让·努韦尔通过捕捉文化、历史、地理、经济、社会不同脉络因素的传统因子和现代因子的共振，较为细腻地表达了他继承传统和勇于创新的精神。让·努韦尔曾这样评论："我真的被国际主义风格震惊了，在我就读巴黎美术学院时，我发现世界上所有的大城市呈现出高度程式化的面貌，建筑与本国文化没有任何联系，与所在环境也并不相合，只是同一建筑风格语素的重复，这并不是一名建筑师应有的态度。"[2]民族特色与现代化的融合，地方性与时代感的共存，传统与创新的统一，是让·努韦尔建筑创作所追求的高层次目标。

一、现代与传统的交流

传统和现代之间有着一定的辩证关系：一般来说，传统代表过去，但从发展的观点来看，可理解为传统是过去的现代，或是现代的古代；现代是由古代发展而来，是未来的古代。因此，传统与现代是相对而言的，现代是在传统给予的基础上起步；传统又是现代的积淀和财富。让·努韦尔的建筑设计的一个突出的特点就是现代与传统的交流。在激变的时代中，让·努韦尔并没有迷失方向，而是紧紧抓住时代脉搏，对传统文化加以继承和进行现代转换，进而设计出既富有传统文化底蕴又体现时代精神的建筑作品。

1. 激变时代的理念变革

德国著名的建筑师密斯·凡·德·罗（Mies Van Der Rohe），曾在1950年的演讲中这样说道："建筑依赖于自己的时代，它是时代的内在结构之结晶，显示出时代的风貌，我们才有值得称之为建筑的建筑，建筑成为我们时代的标志。"[3]20世纪70年代至今，世界全面进入了信息时代，处在永恒的变化中。历史文化的积淀留存于城市、建筑中，融汇在人们的生活里，是城市和建筑之精神内涵所在；同时，信息时代的高科技文化以迅猛的势头冲击着古老的历史文化传统，在一定程度上改变着人们的活动方式，在不同程度上决定和影响着建筑文化，从而造成传统与现代共存的局面。在信息化与全球化不断加剧的这一特殊时代里，对传统的乏味复制、没有时代意义的建筑作品是没有生命力的。让·努韦尔在传统与现代之间找到物质和精神上的平衡，创造出具有深刻的传统文化内涵和时代精神的建筑作品。

让·努韦尔曾这样阐释"现代"的定义：关于"现代"的定义，理解有二：一是现代是变化的，它不是对某种历史运动的突然打断或简单否定；二是现代有很大的潜力，现代能更好地运用传统，并促使传统以最快的速度跟上时代步伐并向前发展。让·努

图 1-1
瓦勒 · 圣母院外科诊所局部立面

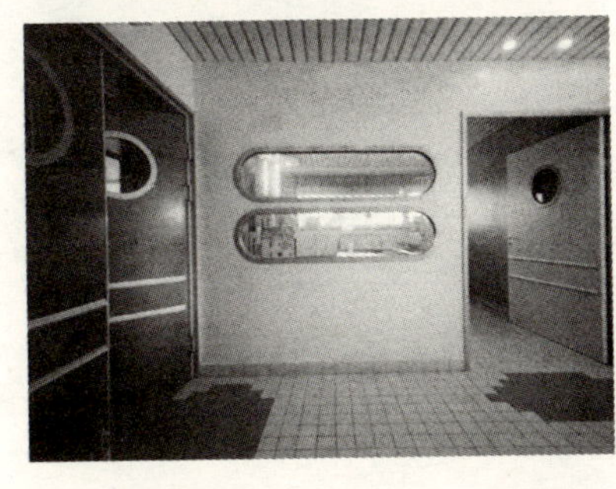
图 1-2
通往透析中心室内

韦尔的第一栋真正被认可的建筑是 1976 年设计的位于巴黎郊区伯宗镇（Bezons）的瓦勒 · 圣母院外科诊所（图 1-1，图 1-2）。这是一家私人医院，通过这个设计，让 · 努韦尔以个性化方式提出了如何表达“现代”这个问题。这家医院建筑的外表面十分光滑，墙面上覆盖着的是用于制造机车的金属表皮。从这栋建筑的外观可看出，建筑结构完全隐藏在光滑的金属表皮下，看不到它的结构、设备管线甚至一根梁，这在当时是一种美学奇迹。因为在巴黎受阿基格拉姆学派（Archigram）的影响，蓬皮杜国家艺术与文化中心（Centre national d'art et de culture Georges-Pompidou）正好兴起，其建筑特色在于钢骨结构、管道和电动扶梯均外露于建筑表面，即把建筑物中所有的构件都表现出来，而让 · 努韦尔设计的这家诊所建筑恰恰与这点相反。在此，让 · 努韦尔对科技的应用并不在构造上，而是运用象征性的方式，将“现代”演绎成建筑物美感的传达，反映出新时代的、现代性的前瞻理念。

法国前总统雅克 · 希拉克（Jacques Chirac）与英国《建筑评论》杂志编辑康塔库齐诺（S. Cantacuzino）在一次谈话中指出，“对巴黎来说，凝固就是灾难。每一个时代都应该在城市中保留下自己的标志，而这对巴黎来说是极为重要的。假如我们这座城市能唤起人们的诗情，能向人们表明她欢迎艺术创造的话，那当然是因为她懂得在尽量地保存每个时代的作品同时，并没有使自己变成化石，变成一个博物馆似的城市。”[4] 让 · 努韦尔所倡导的现代与传统交流的理念，使建筑具有了深刻的时空价值，进而塑造出反映法国蓬勃发展生机的建筑形象。对于给定环境中的建筑创作，让·努韦尔不仅关注周边环境等外在的、实际的条件，而且还重视从文化价值上深入理解历史和传统等内在的、抽象的观念，这使得历史传统找到了属于时代的文本。

1989年建成的法国波尔多市的圣·詹姆斯旅馆（Saint James Hotel）是让·努韦尔设计的代表作品之一，该建筑场地跨越加龙（Garonne）河，是眺望波尔多市田园风光的绝好去处（图1–3～图1–5）。该旅馆由四个小建筑构成，共18间。建筑被赤

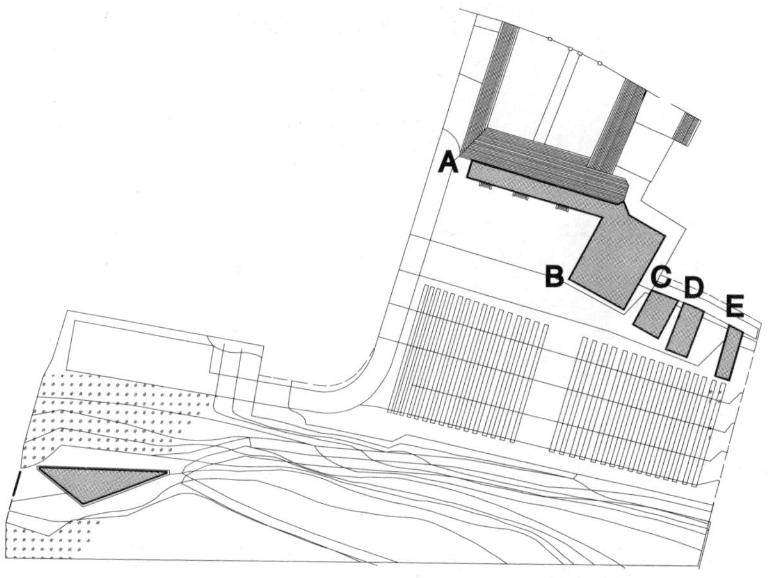

图1–3
圣·詹姆斯旅馆总平面（左）
图1–4
旅馆局部（下左）
图1–5
旅馆立面细部（下右）

褐色金属网覆盖，窗户的金属网是独特的电动推拉式，而客房内部空间装饰豪华、精细。建筑外部造型参照了当地特有的烤烟小屋的田园风格，呈现出锈蚀的棚屋景象，打破了以往所谓与工业时代相对应的机械美学——超乎寻常的大尺度，克服了其忽视人情、冷漠的缺陷。玻璃、金属材料的应用，通透空间的塑造，表达时代精神与特定的历史文化传统的交流与对话。金属构件的生产无需再像过去那样需要人工打制，而是电脑控制生产。它的准确性使每一个构件看起来都精美绝伦，表现了信息时代精致、细腻的美学观念。

1992 年在巴黎，让 · 努韦尔被朱西厄（Jussieu）大学邀请做设计，要求他的作品要给该大学校园带来生机。虽然设计涉及整个校园，但他主要强调了位于圣伯纳德（Quai Saint Bernard）大街一侧的两幢老建筑物。这两幢建筑物自 20 世纪 60 年代存在至今，其结构较为粗拙，这反映了当时社会现代主义的没落。让 · 努韦尔对这两幢建筑物进行改建，他以极具现代意义的航空母舰和近海平台来丰富它们（图 1–6）。为了使校园与市区间交通便利，让 · 努韦尔采用了大片建筑物以释放空间，同时也提供了通向河岸和塞纳河边公园的路径。宽敞的阳台上有新的服务和娱乐设施，并因采用了类似轮船和航空母舰的上层结构而变得更有生气。这个设计表现出让 · 努韦尔的创作灵感源于生活，并与时代和先进的社会生产力密切相关。从这个设计中我们可以看出，一件优秀的建筑作品是从历史的虚无和空洞中走出来的，是它的设计者对其所处时代所进行的真实观照，因而才能够产生出这种时代与传统密切关联的作品。

总之，建筑作为一种社会现象，不可避免地受到由工业社会向后工业社会转型及由此带来的一系列变革，如社会生产方式、生活方式及价值观念等变化的影响。在现代主义和后现代主义等多元文化潮流的涤荡下，让 · 努韦尔在建筑设计中一方面注重历史文化传统的延续，另一方面强调充分体现新时代精神，进而创造出与时代条件相适应且具有深刻文化内涵的建筑作品。

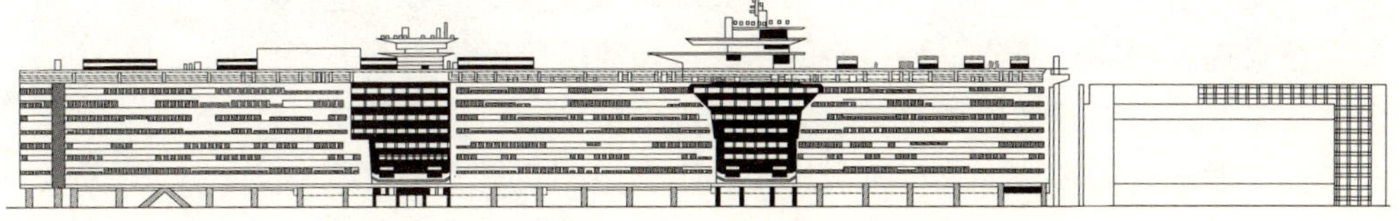

图 1–6
朱西厄校区圣伯纳德大街一侧的两幢老建筑物改建方案

2. 历史文化的传统内涵

汉语“传统”一词是指历史相传而来的思想、道德、风俗、艺术、制度等。纵观西方建筑发展的历史，从巴比伦的拱券到古罗马的穹隆顶，从古罗马的穹隆顶到拜占庭的帆拱，从拜占庭的帆拱到哥特式的骨架券及飞券结构，无一不是后者对前者的继承、发展和创新。因此，传统在历史发展过程中具有承前启后的重要作用。让·努韦尔在充分尊重传统文化内涵的基础上，突破传统的限制，创造出新的具有文化品格的建筑。

让·努韦尔对传统文化的尊重源于对法国本土文化的热爱和深厚的感情。他能够从法国历史传统建筑风格和整齐的、带拱廊的街道广场、象征胜利的方尖碑等欧洲早期城市建筑风格中获得借鉴元素，应用到他的设计中去。让·努韦尔的建筑事务所位于巴黎东北部昂古莱姆（Angoulême）市的第十行政区内，由一座废弃工厂改建而成。这个地段曾是18世纪的昂古莱姆市政厅所在地，区域内布置的都是3~4层的公寓住宅、小作坊、咖啡馆、工厂等建筑。在20世纪早期，市政厅被改作了轻工业用途的厂房，传统雕饰的山花墙被保留下来。让·努韦尔的建筑事务所位于这样一个传统的地段，事务所周围是典型的巴黎式传统商业区，表明了他对本土文化的热爱。

让·努韦尔一向以恰当的、敏感的方式对待历史传统文化，将它作为建筑创作灵感的源泉。他设计的阿拉伯世界文化研究中心（Institut du Monde Arabe）荣获1987年度法国最佳建筑设计（图1-7，图1-8）。该建筑坐落在法国巴黎塞纳河畔，紧邻蓬皮杜文化艺术中心。它包括博物馆、图书馆、会堂、餐馆、办公、停车场等区域。图书馆和博物馆两部分间的狭缝正对巴黎圣母院神龛的中轴线——也就是巴黎的文化中心，并一直延伸到铺设镜面地面的中庭（图1-9）。这座建筑借鉴了传统的阿拉伯造园艺术，如在阿拉伯建筑中，白色的大理石铺路是一个主要的而且经常出现的元素。研究中心被一条庄严的白色大理石带分成两部分，这条白色大理石带终止于建筑物中心的、被三面墙壁所围绕的天井处。这条大理石带反映伊斯兰艺术独特的内部特征，而且为乘坐小车而来并坐电梯直接进入行政会议厅和研究中心的贵宾提供了

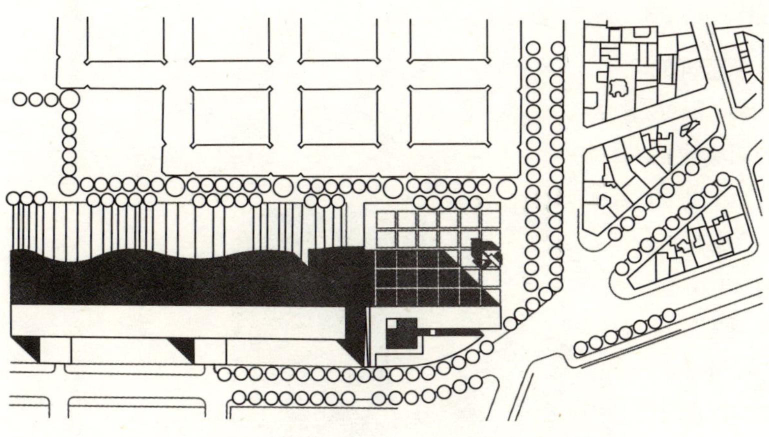

图 1–7
阿拉伯世界文化研究中心总平面

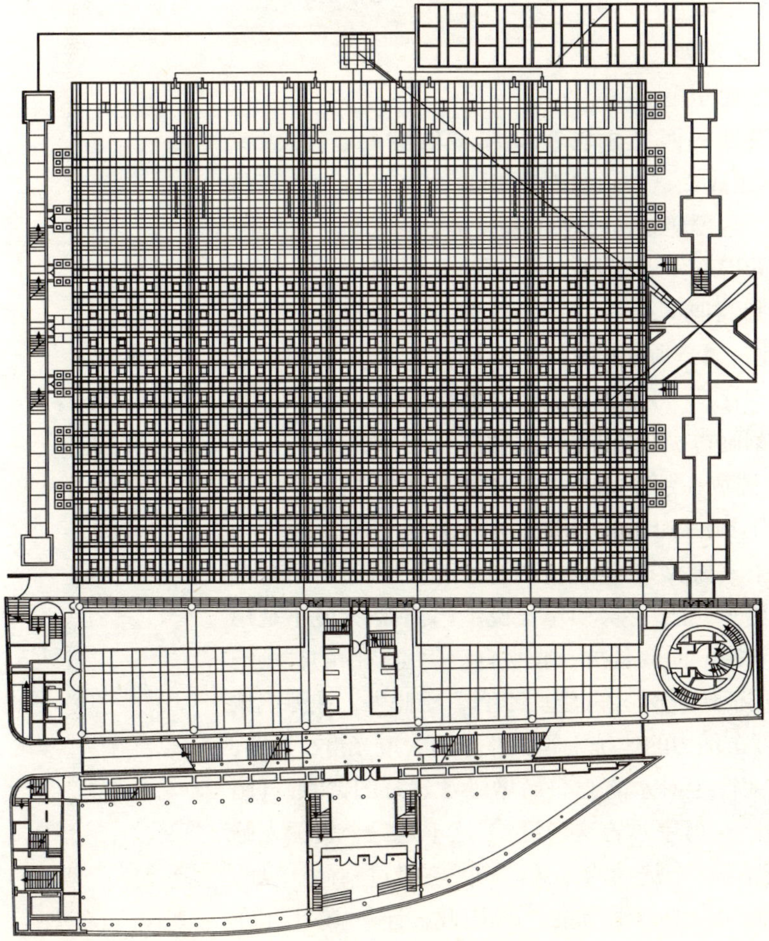

图 1–8
文化研究中心一层平面

一个合适的入口通道。此外，让·努韦尔对清真寺建筑的雕刻窗（mashrabiya）很感兴趣，将阿拉伯传统图案应用于建筑南立面的造型上。正如让·努韦尔所说，“建筑设计灵感源自于阿拉伯文化，是对一种精巧、神秘、蕴含宗教氛围的东方文化的赞美。”[2]这个设计的成功之处在于让·努韦尔在这座建造于法国的建筑中应用了传统阿拉伯文化的母题，倾注了对阿拉伯传统文化的深厚感情，而使之成为阿拉伯文化在法国的展示橱窗。

图 1-9
博物馆与图书馆间的狭缝空间

让·努韦尔设计的西班牙巴塞罗那艾伯格大厦（Agbar Tower）于2005年建成，这座大厦是将历史文化传统融入现代设计中的又一实例。这座建筑是巴塞罗那水务公司总部，是距今已有两千多年历史的巴塞罗那城中三座著名的摩天楼之一，而其他两座分别是建筑师高迪（A·Gaudi）在19世纪晚期设计的圣家族教堂和SOM建筑事务所在1992年设计的滨水双塔。对于巴塞罗那的传统文化，让·努韦尔在蒙萨拉特山（Monserrat）和水的意象两个方面刻画得极为逼真。蒙萨拉特山上奇石林立，因传说耶稣的圣杯曾被放在那里而被视为保护西班牙加泰罗尼亚（Catalonia）的神山。这座大厦在形态设计上结合了蒙萨拉特山上的螺旋形石头和圣家族教堂的尖塔的形象特征，预示着对古老的巴塞罗那文化的传承。让·努韦尔曾说，“艾伯格大厦不是用厚重的石块砌成的建筑，而像是被一股来自蒙萨拉特山的神秘的风所送来的加泰罗尼亚传统文化的遥远回音。”[5]此外，在海滨城市巴塞罗那，水是城市活力的传统主题。艾伯格大厦光滑、透明、闪烁的建筑表皮使人产生对水的遐想而增添了建筑的诗意。（图1-10～图1-13）让·努韦尔曾这样说：“这不是一个美国人脑海中的摩天大楼，而是一个流动的体量，像是在经过精确计算的持续压力下，从地面射出的间歇喷泉。”[5]因此，让·努韦尔在建筑创作中，不是以传统的方式对历史文化被动地继承，而是通过现代设计手段使古老的传统文化重新活跃起来，这正是他创作的主旨所在。让 · 努韦尔认为，“建筑不再是一个独立的行为，它是不断变化着的文脉连续系统中的一个事件，一个给建筑师带来额外责任的持久事件。”[6]

对于历史文化遗产，让 · 努韦尔秉着有效保护和合理开发利用相结合的理念。《保护世

图 1–10
艾伯格大厦外观

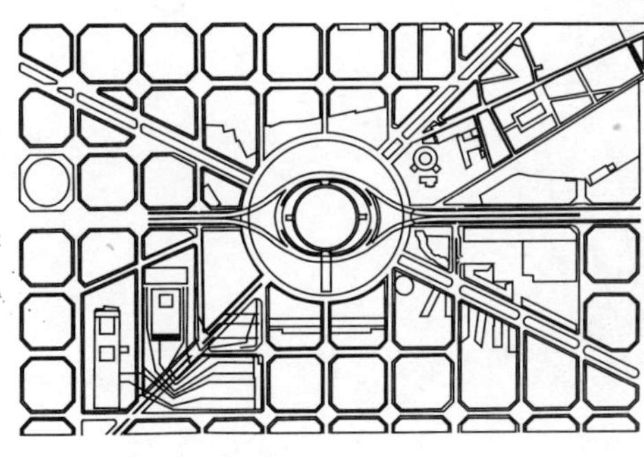

图 1–11
艾伯格大厦总平面（左）
图 1–12
艾伯格大厦一层平面（下左）
图 1–13
艾伯格大厦内事务所平面布置图（下右）

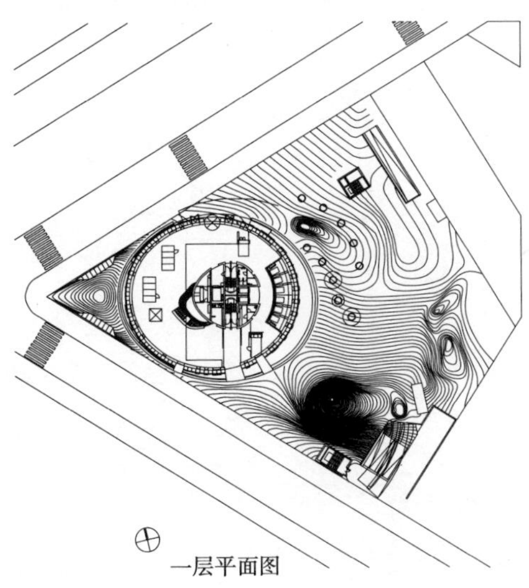

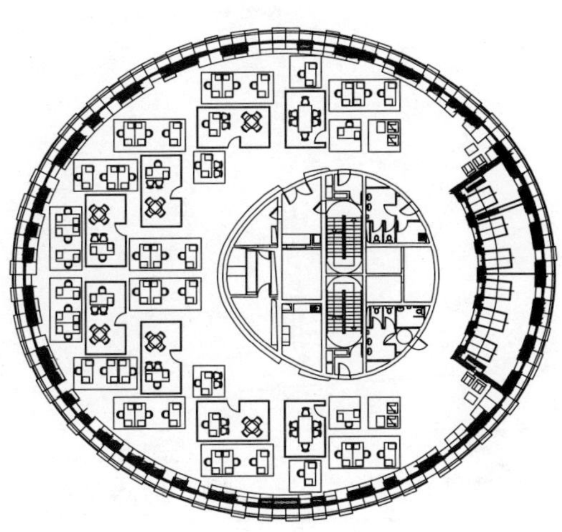

界文化自然遗产公约》特别强调，“考虑到部分文化或自然遗产具有突出的重要性，因而需作为全人类世界遗产的一部分加以保护……整个国际社会有责任通过提供集体性援助来参与保护具有突出的普遍价值的文化和自然遗产”[7]，这一主旨在让·努韦尔在1993年设计的法国佩里格的盖洛·罗曼博物馆（Gallo-Romain Museum）中得到很好的体现。带有高卢罗马人（gallo-roman）村庄遗迹的多莫斯伯特地区（Domus de Bouget）是一个被埋藏在地下的古代城镇，让·努韦尔赋予自己要保护并且向外界展现这片遗迹的使命（图1-14～图1-19）。他以建一座博物馆的形式来保护这片遗迹，这意味着他要保护这片遗迹不受

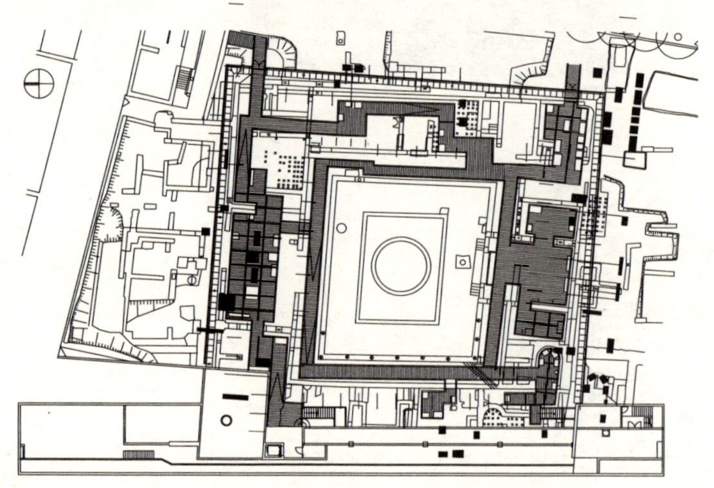

图 1-14
盖洛·罗曼博物馆平面

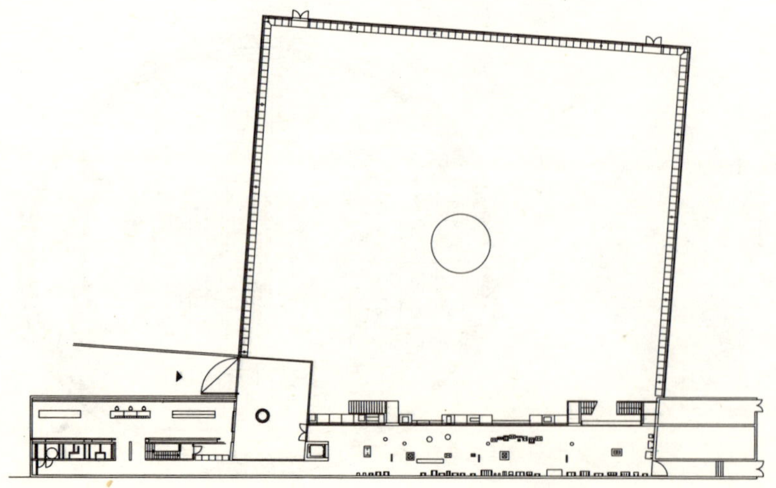

图 1-15
博物馆一层平面

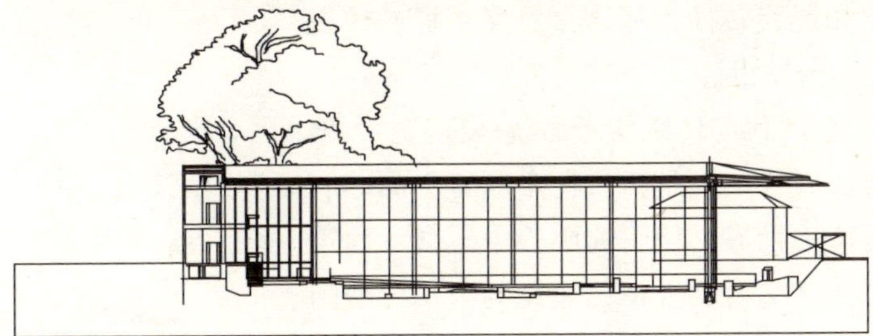

图 1–16
博物馆局部景观（上左）
图 1–17
博物馆外观（上右）
图 1–18
博物馆东西剖立面（下）

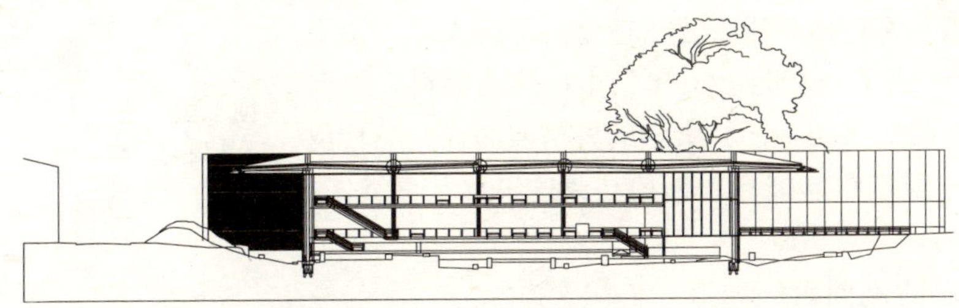

图 1–19
博物馆南北剖立面

风霜雨露的侵袭和其他环境中的干扰。让·努韦尔主要通过以下手段达到其设计目的：这片原始村落遗迹被一个离地面 9 米高的屋顶所覆盖；垂悬的隔墙，在地面木板上标出原来墙的位置，以便人们走进这片遗迹时可以看出这个失落的城镇的布局；这是一座由石头建造的博物馆，一面长长的、有角度的、能够遮蔽风雨的结构空间用于布置办公室，以便对遗迹实施保护工作；透过树林，可以望见威斯登塔，可显示出这个村庄原有规模的重建部分。

综上所述，建筑传统文化因历史的久远而成为一种财富，传统在文化发展中是一种联系过去和现在甚至包括未来的因素，因此对传统的继承、发展和创新是至关重要的。让·努韦尔常常用现代建筑的眼光来重新审视传统建筑文化，通过现代精神与历史文化传统相结合，创造出具有深刻文化意义的建筑作品。

3. 建筑传统的现代转换

在中国，从战国时期到清代中晚期经历了2400余年，传统建筑逐步成型。在国外，古希腊、古罗马时期创造了以石梁柱和券拱为基本构件的建筑形式，经过文艺复兴及古典主义时期进一步发展，到20世纪初形成西方古典建筑体系。实践证明建筑传统具有动态性，中外建筑传统都是处在不断变化和发展之中。因此，从历史角度看待建筑传统的发展，就像站在桥上看下面的逝水，它不会停留在一个固定点上。让・努韦尔提倡以生机勃勃的姿态对传统文化加以继承和现代转换，从这个意义上说，传统不仅是沿袭物，而是新建筑的出发点。

首先，建筑物本身就是一个现代与传统的矛盾统一体。让・努韦尔并没有生硬地割裂传统和现代，而是积极探索两者之间的有机融合。例如前面提到的阿拉伯世界文化研究中心中蕴含了建筑传统的现代转换的创作思想。这主要表现在该建筑突出了传统阿拉伯建筑的原型特征，然而它确确实实是一栋绝对现代的建筑。建筑地段南面坐落着一系列混凝土方盒子造型的耶稣大学，该中心与阿尔伯特（Albert）在20世纪60年代主持建造的科学院严格对齐，并且符合朱西厄（Jussieu）大学的方格网布局，颇具现代感；地段北部是巴黎圣路易斯岛和斯德岛，这里曾是贵族区，现在仍保存着大量有上百年历史的公馆。文化中心的南面表现了现代的东方，而北面是西方历史的反映（图1–20～图1–22）。因此，阿拉伯研究中心在该地段实现了建筑传统的现代转换。这座建筑既强调了历史的演化，又以现代的姿态表现建筑，与环境协调而不雷同。在此，让・努韦尔独具匠心，通过不同的建筑立面表情促成了现代与传统的交流。

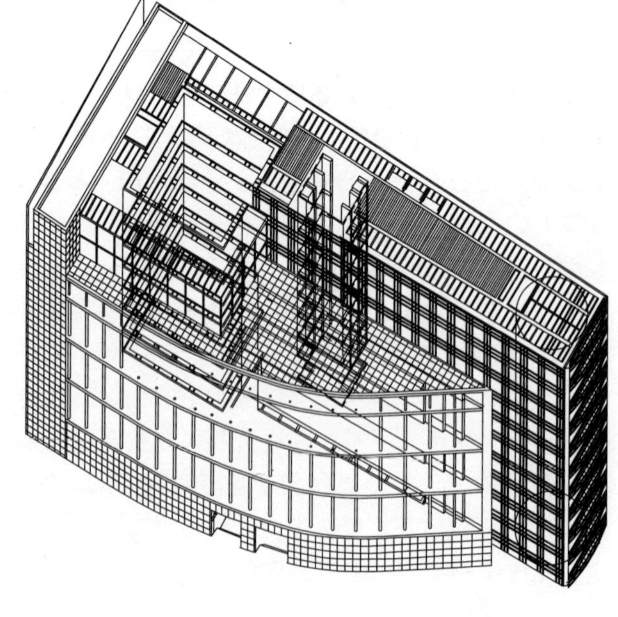

图1–20
阿拉伯文化中心鸟瞰图

另外，让・努韦尔还善于从传统的事物和经历中攫

图 1-21
文化中心北立面外观

图 1-22
文化中心南立面外观

取灵感，设计出传统与现代充分结合的优秀作品。传统的事物和经历是体现传统文化的载体，对其进行恰当的提取并运用到新建筑中，可以给建筑作品带来一种强烈的震撼力。让·努韦尔早在1983年创作的一个最小的作品多尔之家（Dolls' House）就是一例，这件作品看起来像是一个工具箱，或是一个玩具饰品的家，让·努韦尔以此参加一个以展示历史和怀旧思想为主题的展览会（图1-23）。基于店铺橱窗的审美要求，他在盒子里放置了许多小的玛德琳蛋糕饼、铅笔、大理石雕饰物、刷漆的木头和红色的皮毛等小尺度的纪念品，这些小的纪念品使这个现代工具箱在现实生活中找到了传统历史文化的内容和情愫。又例如1985年让·努韦尔在由雷高（Lego）组织的“理想的家”竞赛中设计了参赛作品雷高之家（Lego House）。设计灵感源于地中海附近一个废弃的石油平台，让·努韦尔将这件作品视为他理想中的一座位于意大利海岸的非凡的阁楼（图1-24）。在这里，传统与现代不再矛盾，让·努韦尔重新找回与过去生活经历相关联的设计元素，将这些元素引入到现代设计中，进而创作出既尊重传统又具有现代感的建筑作品。

图 1-23
多尔之家模型正立面

让·努韦尔还巧妙地运用材料和技术，通过新旧材料的选择和运用，采用合适的技术手段，创造出传统与现代互相渗透的建筑作品。他设计的法国卡普戴耶（Cap d' Ail）的皮埃尔度假中心于1991年建成，这座度假中心建筑处在法国地中海岸边的一块遍布岩石的陡峭场地，地段背依悬崖，俯瞰大海。让·努韦尔以悬崖上的天然山石为设计的出发点，并选择了这里的石材作为建筑材料（图1–25，图1–26）。但是，他将所选用的石材进行现代处理，即对天然石材表面进行切割磨光，使这种加工后的磨光石材与悬崖上的天然山石形成鲜明的对比，突出度假中心的现代感。同时又在色彩上与周边的天然山石相呼应，从而形成了传统与现代的交流。

此外，让·努韦尔设计的法国尼姆传媒与现代艺术中心方案也说明了这一点。让·努韦尔以水为设计材料主题，一片水平的方形水面的设计是方案的立意所在（图1–27，图1–28）。他将这座媒体艺术中心设置在水面以下，因而透过水池可以看到水下的建筑，而且进入建筑的流线可以为人们提供一种考古学空间的遐想。方案充分运用了当地考古与历史遗址及特有的泉水资源，地段不远处有一个早期的罗马神庙（Maison Carrée），水面中倒映出罗马神庙和周围景观。整个建筑在一种虚拟的建筑氛围中实现了

图1–24
雷高之家全景模型

图1–25
皮埃尔度假中心地段环境外观

图 1-26
磨砂玻璃分隔阳台空间（左）
图 1-27
尼姆传媒与现代艺术中心的项目模型（右）

图 1-28
传媒与现代艺术中心方案透视图

传统和现代的交流和融合。

建筑是文化的缩影，任何一件优秀的建筑设计中都融合着深层次的文化内涵。在多元文化的背景下，让·努韦尔走出了一条立足传统、发展现代的建筑创作道路，这是一种具有时代意义的探索。这里的立足传统，并不是简单庸俗的复古主义，而是在激变时代寓传统文化活力于现代建筑。让·努韦尔的建筑设计之所以不拘一格，是因为他的建筑设计的创造力源于历史传统和地域文化传统，他在现代建筑设计中融入了传统文化。正如让·努韦尔所说："因为建筑总是和其周围的文化环境息息相关，我一直认为建筑是文化凝固的'化石'，每一件都是与众不同的。我始终在谜团中寻找未见的部分，习惯分析建筑所在的位置和情形，然后再给自己答案。"[8] 建筑文化的多元化发展，丰富了建筑师的设计视野，让 · 努韦尔始终一贯地尊重传统文化，在传统与现代的交流中实现建筑设计的趋优求新。

二、建筑与环境的对话

建筑脱离不开环境，必须依附于环境而存在。让 · 努韦尔善于在历史环境中进行新建筑创作，这包含了如何对待和利用旧建筑的问题。他常将历史性建筑作为一种背景，建筑空间和流线设计构思都是在这个背景下展开的，从而使得建筑与场所、真实性与潜在性、新与旧等各种因素交织在一起，形成了多方位的对话。让 · 努韦尔在一次接受采访时谈及自己的设计感受道："每次要在既定的地段建造合适的建筑，就好像是在寻找缺少的一块拼图……建筑物的设计并非为了反映周边环境。现代生活的多层次体验，要求建筑摆脱复制与承袭。建筑本身应该能与环境对话，带动周边朝好的方向转变。"[9] 可见，让 · 努韦尔反对简单地复古，也反对不顾城市肌理和无视周围环境进行建筑创作，而是主张实现建筑与环境的对话。

让 · 努韦尔在处理建筑与环境关系的创新之处在于：一是注重对信息资源的获取，这些信息资源来源于他对现实生活的热爱，涵盖了他对自然环境和生态环境的关注，体现了场所精神。二是以简明的几何形体、钢结构和透明、通透的玻璃幕墙为主要特征的建筑设计使得历史建筑的背景功能成为可能，进而实现建筑的真实性和潜在性的统一。

1. 现代建筑与场所文化的对话

让 · 努韦尔认为，"建筑学的真正任务是创造建成环境的文化定义。"[5] 建筑空间为人们提供了一定的物质生活环境，建筑环境被赋予精神层面的意义而成为场所。关于场所，吴良镛先生曾说，"在新时代，随着生活的发展，其内涵不断地增补着，这些多是环境的精华，西方建筑学称之为‘场所精神’，中国美学称之为‘环境的意境’、‘会心处’。”[10] 可见，现代建筑设计离不开场所精神的延续和创造。让 · 努韦尔深入挖掘建筑环境中包含的特定信息和内容，通过达成现代建筑与场所文化的对话而探索创新。

1987 年建成的法国南部尼姆市纳莫修斯社会住宅 1 期是让 · 努韦尔将建筑与环境结合的最有代表性的设计作品，这是自 1985 年起尼姆市市长决定为中低收入者建造 500 栋社会住宅而面向法国建筑师征集的 17 套住宅试验样板之一。与传统住宅设计不同的是，纳莫修斯社会住宅是针对这个地区建造宽阔的、充满阳光的、开敞的和便利的建筑，充分地体现了场所精神。这是包含 17 种户型，共计 114 户的高级集合住宅。户型主要有单层（在顶部）、双层和三层的，所有住宅要能适应从独身者到多子女家庭的广泛需求。这个设计既尊重了传统，又融入了场所精神（图 1–29 ~ 图 1–35）。

图 1–29
纳莫修斯住宅 1 期

图 1–30
住宅外观

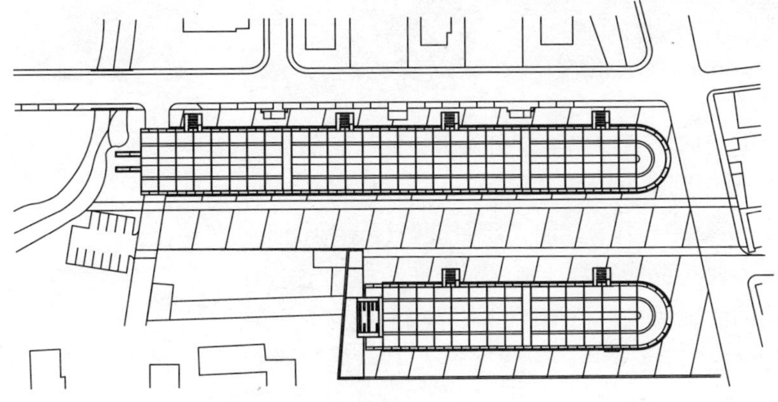

图 1–31
住宅屋顶平面

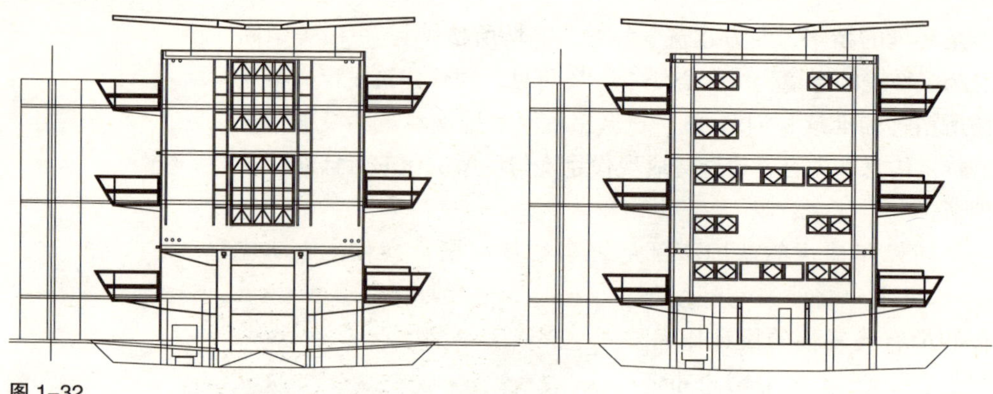

图 1-32
住宅西南立面

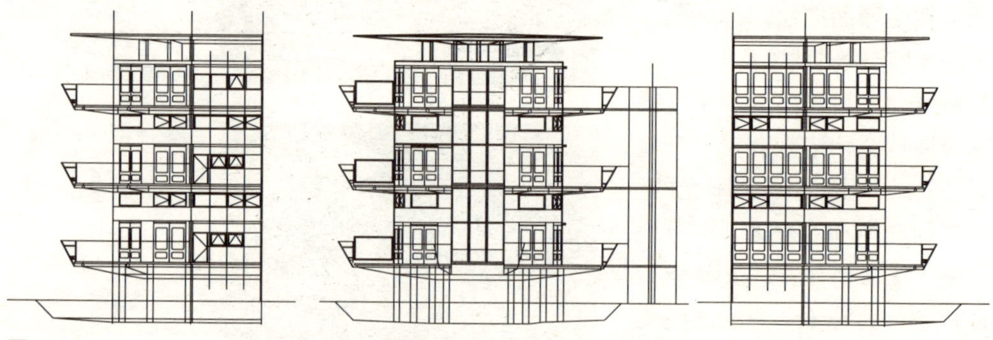

图 1-33
住宅东北立面

图 1-34
住宅南面宽阔的大阳台（左）
图 1-35
住宅铝质楼梯细部（右）

建筑形态上，由远而近走向这两栋住宅，引入眼帘的是两艘并肩行驶在地中海和煦阳光和海风之中的“巨轮”。两栋住宅底部为低于地平面约 1.5 米的架空停车场，使“船”能飘浮于地面上。在生态环境上，住宅所处的位置原是苗圃，因而在两栋住宅之间保留了两排整齐粗壮的法国梧桐；梧桐树耐人寻味，提醒人们追忆这个地方的传统和过去。此外，为了适应地中海特有的气候和生活方式，传统住宅的固有观念被革新，住宅采用了开放式的布局：北面是长长的走廊，南面是宽阔的大阳台，所有的房间（包括卫生间）采光充足；楼梯被单独甩在建筑主体之外。同时，这个住宅绝对是现代的建筑："船"的外壳是银灰色金属铝板，从屋顶到阳台栏板都重复着铝皮网眼的独特构件，饰有成卷的金属屋檐和栏杆，室内用半透明的现代材料加以分隔，并布置有窄而陡的工业化铝质楼梯。总之，让·努韦尔在这项住宅设计中注重场所精神，在继承传统理念的基础上，引入了现代技术，实现了现代建筑与场所文化相融合。

场所文化的塑造，可以提升建筑的感染力，是进行别具一格的建筑创作不可或缺的重要元素。因此，让·努韦尔的建筑设计中非常注重场所的适宜性，他认为，"通常，当你提到'文脉主义'，人们就会觉得你要模仿周围的建筑，可事实上周围的建筑风格也是相互冲突的……如果把一片整体环境称为一幅拼图的话，一座合适的建筑就是这幅拼图中少掉的一小块。但这并不意味着他的建筑就是简单地呼应周围环境。"[11] 可见，让·努韦尔主张从周围环境获取灵感，从环境中提炼出场所精神，努力创作融于环境又独具特色的个性建筑。让·努韦尔在1992年的应邀参赛作品法国尼姆大学医院中心就是一个很好的例证（图1–36）。这个设计需要考虑两方面要求：一方面医院作为为人民服务的场所，常常有紧急情况发生，它需要最高的工作效率和交通便利的工作环境；另一方面也要考虑到周围的环境因素，周围已有一幢建筑物存在，另外，地中海气候特色的植被和土地赋予了这个地段一种田园朴实的自然美。让·努韦尔采用一面巨大的红色墙壁以及大片树林将新建筑物与已存在的建筑物连成一片。庭院为

图 1–36
尼姆大学医院中心全景

实验室提供了充足的光线，巨大的仙人掌围绕着建筑主体，使宽广的阳台尤为突出。这座阳台后面是一个山坡，在那里设有停车场，干枯的石头和大片的树林为这个山坡增添了一分景致。建筑物表面颇具巴洛克艺术风格的扭曲形象以及覆盖着爬藤植物的铁艺阳台突出了建筑的自然情趣。在整个建筑的设计中，让 · 努韦尔结合建筑功能、自然环境，在满足建筑的客观条件下，创造出现代建筑独特的美感。

让 · 努韦尔设计的法国巴黎盖 · 布朗利博物馆 2006 年建成并投入使用，这座博物馆也是与周围环境融合得恰如其分，实现了建筑与环境对话的一个实例。这座博物馆位于巴黎市中心的塞纳河畔，毗邻埃菲尔铁塔和卢佛尔宫。盖 · 布朗利博物馆展出来自非洲、亚洲、美洲与大洋洲的原始艺术收藏品（图 1−37 ～图 1−40）。现任馆长斯蒂芬 · 马丁（Stephane Martin）曾这样评价这座博物馆："他的设计最能融入巴黎市景和周边环境，将塞纳河沿岸的景点地脉连成一气，建筑的外形和色彩散发出与展品相符的灵气"。[12] 博物馆形态是水平延展的，与埃菲尔铁塔形成对比呼应关系。一块玻璃板将两个有着绿色植被墙的主体建筑连接起来。展览厅的北立面墙上有 20 余个凸出的彩色盒子，每一个盒子就是一个小型展室。铁锈色的百叶窗与历史街区环境相协调。

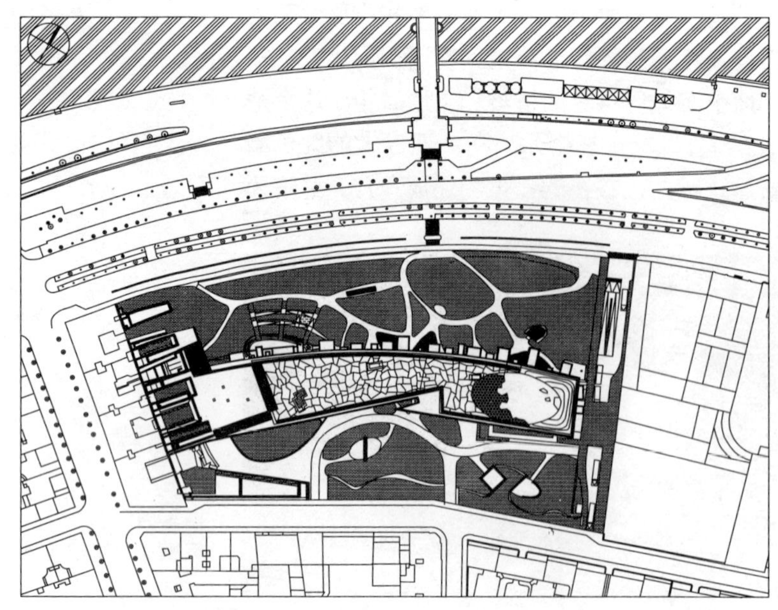

图 1–37
盖 · 布朗利博物馆平面

图 1–38
博物馆与埃菲尔铁塔互相呼应（左）
图 1–39
展览厅北立面（上）
图 1–40
博物馆的绿色植被墙（下）

馆外设有长 200 米，高 12 米的玻璃保护墙，园内栽有各种植被和 180 棵高 15 米以上的大树。正如让 · 努韦尔所说，“即使每个场所永远处于变化中，但总有地理、历史上的延续性，我的每个项目都以这一想法开始——深入文脉，寻找到这个场所的精神，了解人们对它的情感，发现一些意义重大的象征物。之后设计建筑空间就如同搭建一座桥梁，将人们的情感和有意义的场所片段一一对接。”[2] 让 · 努韦尔建筑设计的本质是显现场所精神，以创造一个有意义的场所，而场所精神是环境特征的集中和概括的体现，其特色要借助于建筑形象及其环境所蕴含的风格和气氛等显现出来。正确理解建筑场所文化的内涵，创造性地保持和延续场所精神，使建筑有机地融入环境之中，已经成为让 · 努韦尔建筑设计的一个准则。

2. 建筑真实性与潜在性的对话

作为一名建筑师，让 · 努韦尔拒绝粗制滥造，而是提倡客观地、理性地设计建筑作品。他认为建筑设计师所要解决的问题是找出真实性与潜在性的统一。这里的真实性是指建筑与具体环境的融洽关系，而潜在性是指一个具体的建筑所包含的内在的特殊条件和因素。因此，前者侧重建筑的外在效果，后者注重建筑的内在条件。让·努韦尔非常关注建筑的真实性，他曾说："建筑必须是真实的……很多建筑建在错误的地方，没有精神，没有魅力，没有温暖。"[13] 同时，他也重视内在的特殊条件对一个具体建筑的影响。总之，让·努韦尔在建筑设计中思维严谨缜密，对建筑与环境进行深入思考、客观讨论、精确分析，对建筑的真实性和潜在性都认真负责。

让·努韦尔常把绿化作为在城市规划尺度上的一种划分巨大空间的自然边界的手段，形成真实性与潜在性的对话。例如，从阿拉伯世界文化研究中心的围栏起，延伸到12米处建造一片大草坪，这片宽阔的草坪体现了附近大学中的运动和游戏活动有机的延续。这一分界线在该建筑内部庭院和外部大学之间建立了联系（图1–41）。遵循这种理念，沿着大学的西部和北部立面以及沿着学校的步行地带都种满了树，在研究中心外部的前面形成一个严密的视觉过滤器。这些绿化在建筑空间上虚实结合，形成逻辑上的延续。这个设计反映出让·努韦尔在建筑设计构思的过程中灵活地调度真实环境因素和潜在因素，并使二者达到完美结合的创新思想。

让·努韦尔充分考虑到建筑所处场所的真实性和环境的内在潜在性，并将它们以独特新颖的建筑形式表现出来，实现了对建筑功能逻辑的重新演绎。例如，让·努韦尔曾为法国某大教

图1–41
阿拉伯世界文化研究中心模型

堂前的广场设计过一个小型展览中心的方案。该教堂是欧洲著名的宗教建筑之一，展览中心主要是为在广场前挖出的中世纪文物古迹而设置。为此，让 · 努韦尔设计了一个面向教堂的低矮建筑，反衬大教堂的雄伟壮丽，其低矮的姿态暗示出一种对大教堂的朝拜。整个基地被一个巨大的玻璃屋顶所覆盖，而参观流线在地坪以下的空间展开，参观者在展览中心任何地点都可以看到大教堂。雄伟的大教堂便为文物古迹提供了一个最佳的历史背景和历史注解。而且，在大教堂的塔楼向下俯瞰时，可以透过玻璃屋顶看到整个古迹的全貌，形成建筑主体与背景的双向交流（图 1-42）。加拿大建筑师阿瑟 · 埃里克森（Arthur Erickson）曾说过，“建筑设计不是建筑师的想像，而是它的目的和它的环境这两个条件的必然结果。它们像是两个相对的力量，一个通过设计要求这个压力由内而外推出它的形式，另一个则通过环境这个压力由外而内对它进行塑造。”[14] 让 · 努韦尔的设计构思独具特色，令人耳目一新。

让 · 努韦尔的建筑作品同基地环境之间形成一种对话，这源于设计创造的分析过程是真实性与潜在性的协调统一。让 · 努韦尔在近几年设计的美国明尼阿波利斯的格思里剧院，在形态上是由长方体、圆柱体拼凑而成的通体黝黑的剧院。整个剧院类似一座碉堡，这个形象暗含着明尼阿波利斯的城市历史影像。明尼阿波利斯是一座发端于 19 世纪的工业城市，毗邻密西西比河（Mississippi River），保留下来的工厂、仓库、水闸、磨坊成为这座城市历史环境的一部分。剧院建筑的二层平行延伸出来一个长度约 50 米的空间，尽端嵌有一整幅玻璃，像取景器一样将横跨密西西比河的石拱桥、圣安东尼瀑布、巨大的厂房收纳进来。墙面两侧开有不规则的窗洞，透过镶嵌玻璃的窗格可以欣赏周边环境中具有历史意义的景观（图 1-43 ~图 1-47）。让 · 努韦尔

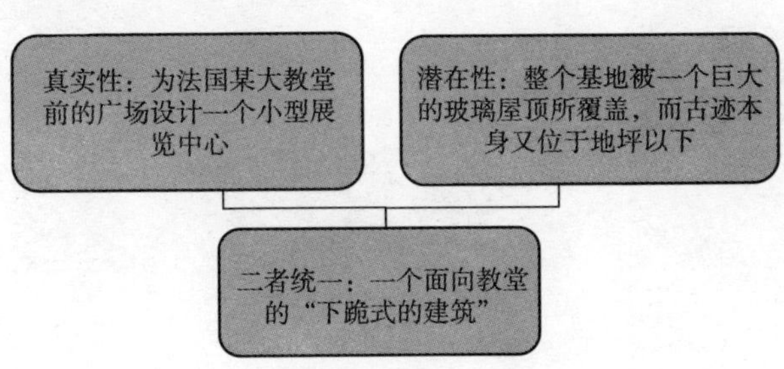

图 1-42
真实性与潜在性的统一关系

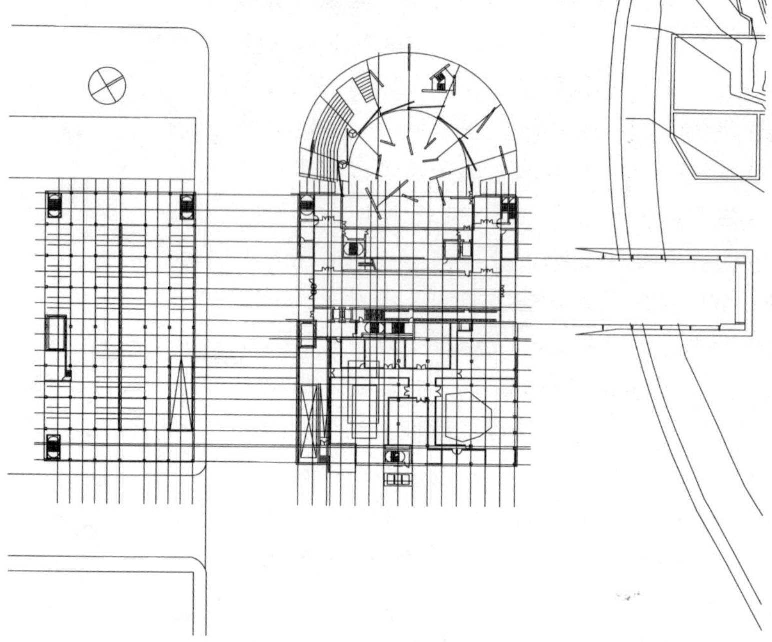

图 1-43
格思里剧院一层平面

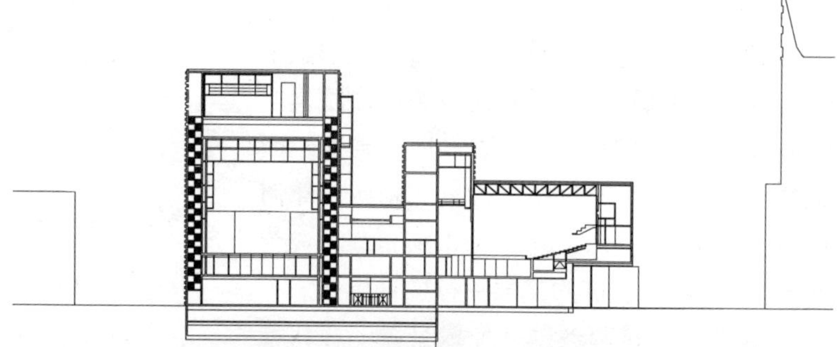

图 1-44
沿剧场和舞台剖面

图 1-45
剧院整体外观

图 1-46
从剧院观看密西西比河石拱桥

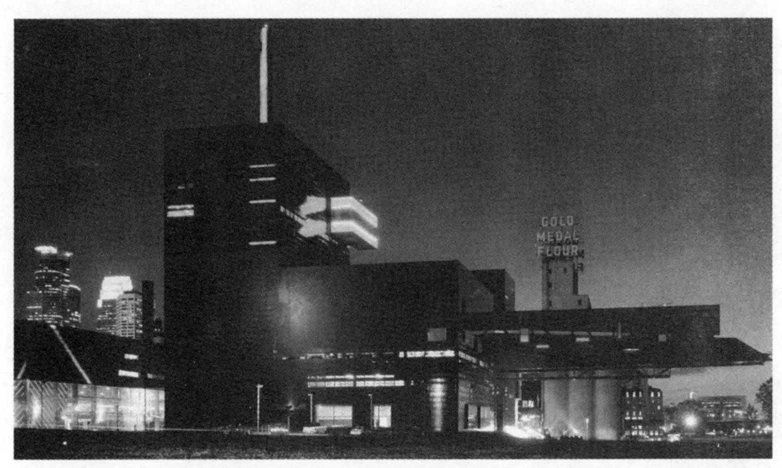

图 1–47
剧院局部外观

说："有今天，是因为有昨天，历史和现代一直共存着。身处工厂、桥梁、瀑布之中，格思里剧院没有破坏历史环境的美感和整体感，而是成为与之情感相连的现代建筑。这正如这座剧院中每日上演的一场场生动的、富有创造力的话剧，现代人以现代的思维、现代的语言表达经典剧目的内涵和意义。"[2] 让 · 努韦尔通过对城市环境条件的思考，认真分析设计构思的真实性和潜在性，努力创造出与环境产生对话的建筑作品。

让 · 努韦尔以发展的眼光对待历史与文化，他的建筑设计尊重现实，尊重自然，将真实性与潜在性有机结合，创造一种生动宜人的建筑文化环境。让 · 努韦尔是一位极富创新精神的建筑师，他将外在的具体真实性与内在的抽象可能性相融合，进而使潜在的可能性具体化，创作出具有清爽、精致风格的建筑作品。

3. 现在、过去及未来的对话

一般说来，建筑设计单单讲求突出地方传统特征与现代风格是不够的，往往还需要体现新的意境和个性。创造新的意境要求建筑设计建立现代与传统的关联，促成现在、过去甚至是未来之间的对话。美国诗人惠特曼（Walt Whitman）在其《草叶集》序言中写道："过去、现在与将来不是脱节的，而是相连的。最伟大的诗人根据过去与现在构成将来的一致。"[15] 诗人尚且如此，建筑师也同样要正确对待传统的延续问题。在现代化过程中，日益发达的社会经济促使人们对物质生活、精神生活提出越来越高的要求，同时飞速的发展变化要求建筑师与时俱进，能够迅速地接受和适应社会时尚的改变。让 · 努韦尔提倡以“新”为基本的出发点，在现代与传统之间达成平衡。传统发展到现代是一个不断变革、不断积累、不断新陈代谢的过程，这个过程还要发展到未来、再未来。

图 1–48
垂姆斯旅馆

让 · 努韦尔设计的法国达克斯的垂姆斯旅馆（Hotel des Thermes）在 20 世纪 90 年代初建造完成，它是以发展的眼光对待传统、现在和未来的一个典型实例。垂姆斯旅馆是让 · 努韦尔以二星级旅馆的投资，设计出的符合三星级旅馆要求的成功作品（图 1–48 ～图 1–51）。这第三星的提升应归功于建筑师让 · 努韦尔独特的设计理念：首先从建筑本身角度来看，让 · 努韦尔使用传统的建筑材料，令人仿佛感受到了一种来自旧日传统的温馨。整个建筑物表面由红色西洋杉木的百叶窗构成。内部有一个高大宽敞的、带有棕榈树等绿色植物的正厅，以及一个温泉大厅。其次，从建筑环境角度出发，垂姆斯旅馆坐落在城市中心区的显要地段，阿杜尔（Adour）河岸边，与 1930 年代的古老的地标性建筑辉煌旅馆（Splendid

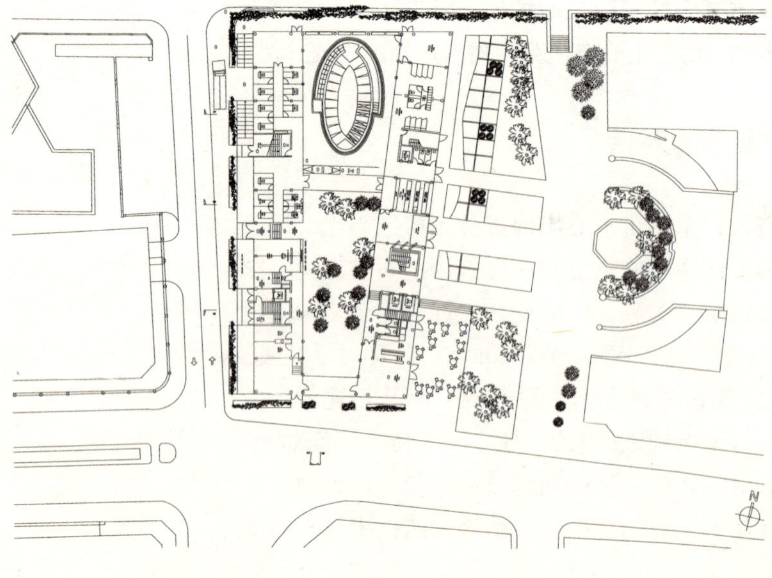

图 1–49
旅馆一层平面

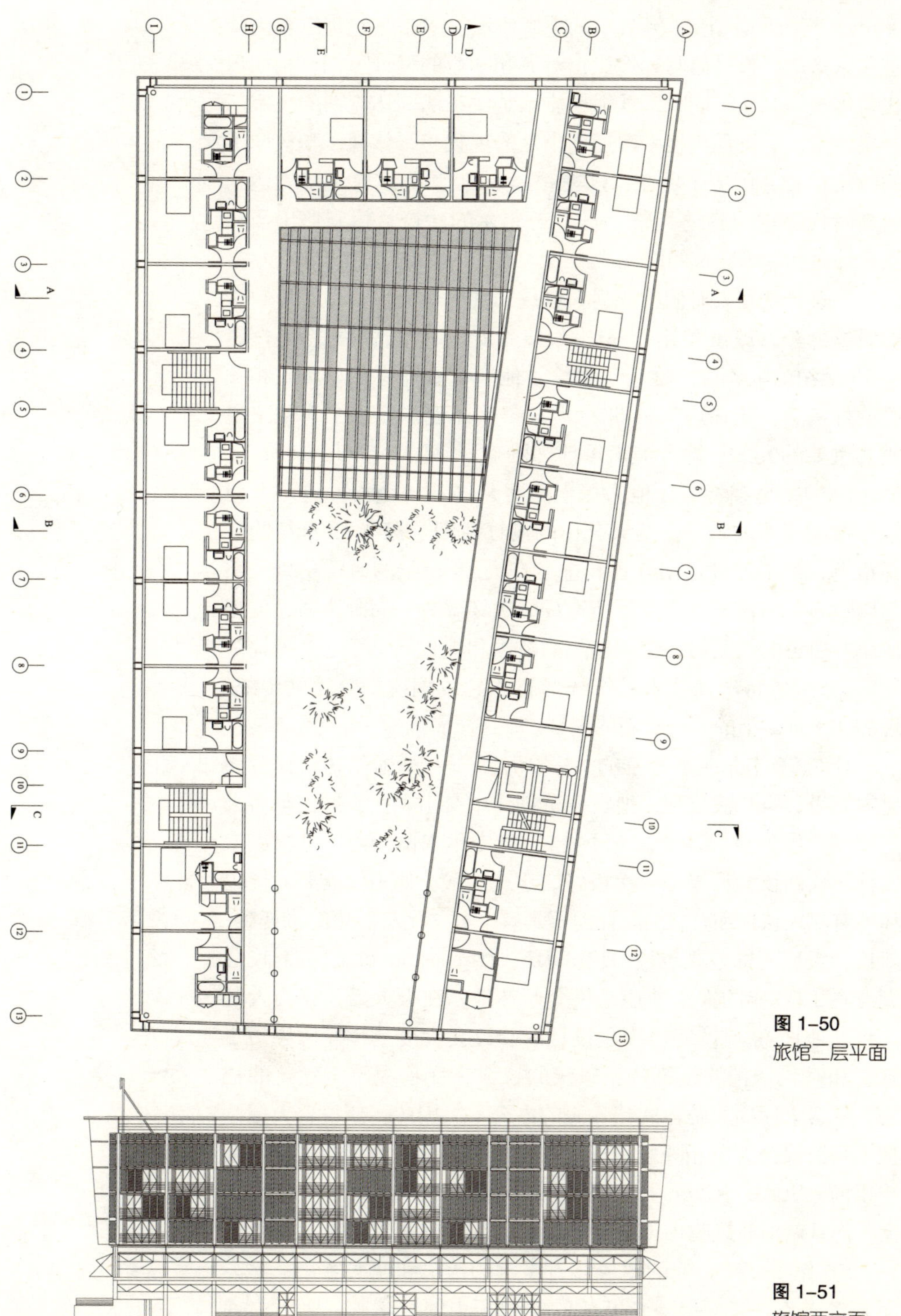

图 1–50
旅馆二层平面

图 1–51
旅馆西立面

Hotel）相毗邻。让·努韦尔赋予这座现代的旅馆建筑以乡土气息和风格，严格遵循与辉煌旅馆对齐和呼应的设计原则，构成现代与传统的对话。同时，垂姆斯旅馆是建在法国达克斯的一家新温泉旅馆，运用现代技术塑造出十足的现代感，体现了积极向上的时代精神，创造了现在、过去和未来的对话。“建筑将表达出向新时代迈进的感觉”[16]，让·努韦尔的建筑恰恰写照出当代法国社会和法国建筑的面貌。

建筑传统经长时间的积累，已成为现代建筑设计中不可缺少的组成部分。1976年让·努韦尔接受委托，为巴黎翻新一座建于19世纪的歌剧院。这项工作给了他一个处理现代与历史相关联的好机会。正在这一时期，让·努韦尔遇到了一个对他来说极其重要的人——舞台美术设计师雅克·马奎特（Jacques Le Marquet），马奎特引导他去探索剧院装饰和舞美设计这两个他以往接触不多的领域。两人合作的设计原则是保持19世纪的装饰格调，甚至通过运用红色和金色夸大19世纪的装饰格调，重建剧院多年来由于岁月变迁所造成的破坏部分。同时，通过使用洁净的白色的拉毛粉饰突出剧院的新颖和现代气息。这个设计是让·努韦尔将现代技术和传统形态达到协调统一，建立传统、现在和未来对话的又一次新的尝试。

让·努韦尔应邀参赛的另一个作品——德国柏林新议会大厦方案设计再一次显现出他在建筑创作中突出现在、过去与将来之间相关联的设计理念。对于让·努韦尔来说，为一主权国家设计一幢新议会大厦是一次极好的建筑实践。他不仅需要对周边环境有深入认识和分析，而且需要具有一种文化与历史的责任感。新议会大厦所选地段包括旧议会大厦（the Reichstag），旧议会大厦在1933年的大火前还是议会所在地，在大火后，议会大厦迁到其他地方。让·努韦尔设计的新议会大厦是一幢体现历史意义和时代精神的建筑物：球状的议会大厅构成整个建筑的核心，议会大厅周围是各联邦代表的办公室。因此，新议会大厦体量上与旧议会大厦相呼应，形成新与旧的对话。旧议会大厦与斯普雷河（Spree River）形成的圆形区域使这个项目更具象征意义，而且新旧建筑物由于水面的存在而显得面积更加扩大了（图1−52～图1−56）。它的建成具有深远的历史和现实意义：一方面它将成为一幢面向公众开放的德国历史的纪念碑；另一方面

图 1–52
德国新议会大厦方案总平面

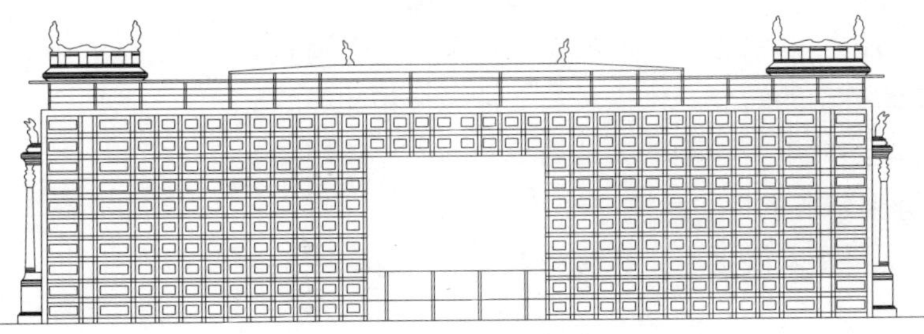

图 1–53
新议会大厦东立面

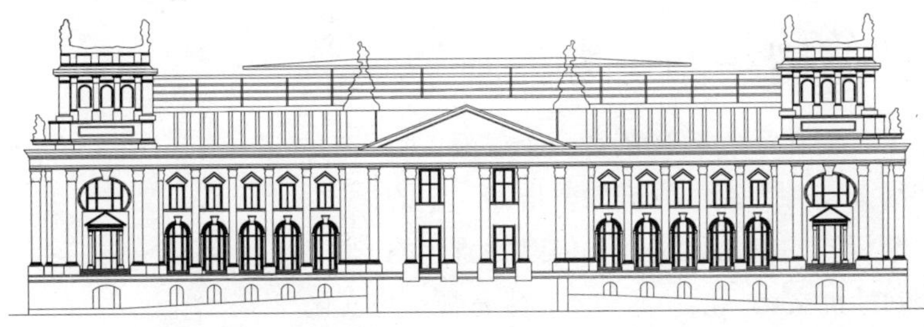

图 1–54
旧议会大厦立面

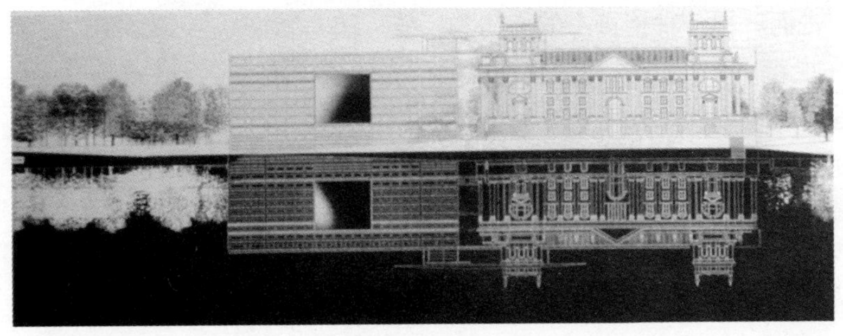

图 1–55
斯普雷河倒影中的新议会大厦北立面

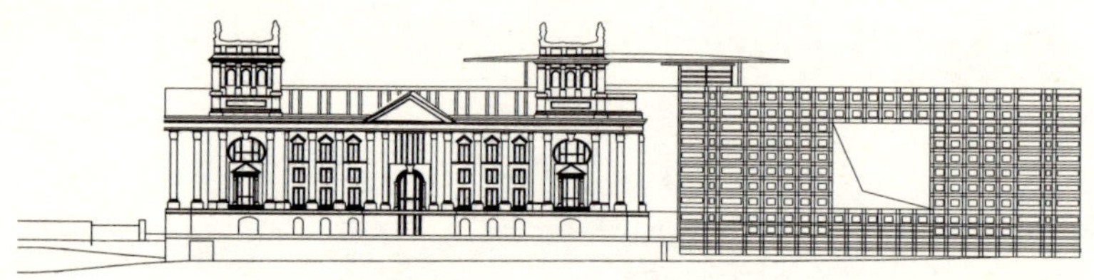

图 1–56
新议会大厦南立面

它将作为一幢现代的、象征公正严明的新议会大楼来实现它的物质和精神使命。让·努韦尔以几何形体处理与基地的环境相呼应，创造出视觉上的同构和统一。他还试图在符合现代审美和价值取向的基础上，创造既具有地方识别性又具有现代风格的新建筑。

让·努韦尔勇于突破历史传统的局限，从历史传统中吸取营养，并将传统文化与现代科技和时代精神有机地结合起来，在实践中积极探索既立足于传统，又面向未来的建筑创作。让·努韦尔非常推崇彼特·库克（Peter Cook）的一幅画，这幅画直观地展示建筑与环境的关系的转变：建筑从与大地环境相冲突的几何直线条块形态逐渐趋向于一种融于大地的柔和形态。这幅画的思想暗合了让·努韦尔所倡导的建筑与环境对话的设计理念，即在建筑与环境的动态平衡发展之中，实现为人类创造诗意地栖居的建筑环境。

三、时代精神的物化和历史文化的延续

建筑作为一门艺术，涵盖了物质和精神两个层面。时代精神和历史文化都可以归结为精神因素，它们需要借助一定的物质形式来表达。这里所要探讨的问题是建筑师如何以物质化的形式表现传统与现代相融合的精神文化。让·努韦尔非常重视历史文化，他擅长把富有传统古韵的历史传统要素提炼出来，并将这些要素融入建筑设计之中，进而获得一种精神上的表达和延续。让·努韦尔的建筑作品常常既继承历史传统，又具有现代气息，这一建筑理念与现代主义全面反对装饰、反对历史风格形成了鲜明对比，突出了现代建筑的历史文脉并有所创新。

让·努韦尔强调在建筑设计中引用历史性要素，比如通过装饰图案、历史符号、传统色彩来表达建筑的历史性。建筑是一个符号的系统，装饰的图案和色彩作为一种建筑符号，传递出丰

富的文化信息。让 · 努韦尔在建筑设计中应用的符号语言与传统建筑中那些仅仅表现在立面上的不同，而是承载着深层次的文化涵义。同济大学的沈福煦教授认为："要发现一种文化的独特性，就是要利用其潜在的能力，这是创造一项重要建筑的第一步；第二步就是要以一种文化所产生的形式去寻找如何去表述这种文化的方式。"[17]让 · 努韦尔在尊重历史文脉的基础上追求建筑的时代个性，以独特的方式演绎了历史文脉和时代气息。

1. 装饰图案的历史性转变

让 · 努韦尔对建筑上装饰图案的运用非常考究，既给人产生对传统的联想，又能表现出他对时代性的追求。他认为装饰能产生很好的精神效果，并且能很好地解决现代技术与传统形式的矛盾。罗伯特 · 詹森（Robert Jensen）认为"装饰主义是打破常规的色彩处理，是历史母题——山花、柱式、基座等的重构，是回归对称式建筑的典雅与庄重，是手工艺特别是玻璃、铸铁工艺的复兴，是对装饰绘画、装饰陈设品的再开发，是自然形式——爬藤、树木、花草在建筑中的开发利用，是对家具美观与实用两方面的追求，是对美术与装饰界限的突破。"[18]让 · 努韦尔所强调的装饰符号摒弃了在传统意义上对建筑附加点缀，而是倾向于传统装饰图案与时代技术的融合，实现装饰图案的历史性转变。

让 · 努韦尔设计得阿拉伯世界文化研究中心的立面造型就是实现这种历史性转变的典型实例。在这个设计中，他采用现代技术和材料重新演绎了阿拉伯建筑中常用的几何图案与漏窗，这种带有穆沙拉比叶（mouchchbien）的方形和多边形图案组合的花窗设计得非常成功。穆沙拉比叶窗是伊斯兰教或受伊斯兰教影响的建筑中一种凸肚窗或花格窗，法国称穆沙拉比叶。[6]让 · 努韦尔的这座建筑的外部体形简洁，并没有在建筑的屋顶上加阿拉伯式的穹隆顶，而是运用极富现代感的玻璃、不锈钢板、铝合金材料和一系列带有阿拉伯传统文化中常有的几何图形格栅，设计出一整片带有花窗的南立面外墙。花窗的设置使这座建筑带有浓郁的阿拉伯传统文化的韵味，而整洁、精密的现代材料与构件又提高了建筑的时代性（图 1-57，图 1-58）。虽然这片壮观的、浪漫的、富有装饰性的墙面占用了首期款和维护费的大部分预算，

图 1–57
带有花窗的阿拉伯世界文化研究中心南立面外墙（左）
图 1–58
南立面外墙细部(右）

但它成功地实现了传统装饰与现代技术的融合。让 · 努韦尔曾这样阐述他的观点："建筑的文化立场是必需的。为了得出一种在概念上是通用的而对基地来说是特定的途径，就必须拒绝现成的套用或是太轻而易举地得出方案……建筑的南立面，使用了类似光圈的控光装置，是东方文化的现代表达。"[6]

让 · 努韦尔设计的法国雷莫里诺市 CLM–BBDO 广告公司总部在强调与周围城市肌理相协调的同时，在立面处理上又创造出别具一格的立面装饰图案。雷莫里诺市位于塞纳河南岸，处于巴黎西南端的边界地区，曾是一个五边形的防御工事。让 · 努韦尔的广告代理公司总部共四层，它的外形像一只因进水而搁浅的锈船。它曾被奥利维耶 · 布瓦西埃 (Olivier Boissière) 称为"一艘外表生锈但却有牡蛎壳般室内的老货船"[6](图 1–59 ~图 1–63)。锈船被水草包围，从外面看，建筑坚固而封闭并设计了波纹形的涂漆装饰图案，看起来就像一个牡蛎的外壳。它晦暗低伏，与河岸边废弃物相协调。而建筑的内部则是开放、高效的，10 米 ×

图 1–59
CLM–BBDO 广告公司总部模型

图 1–60
整体外观

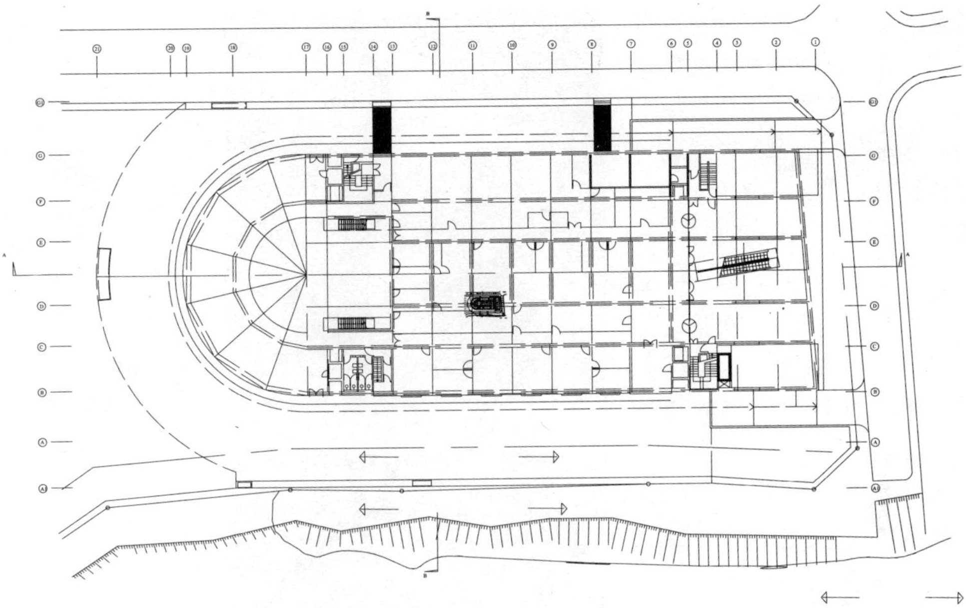

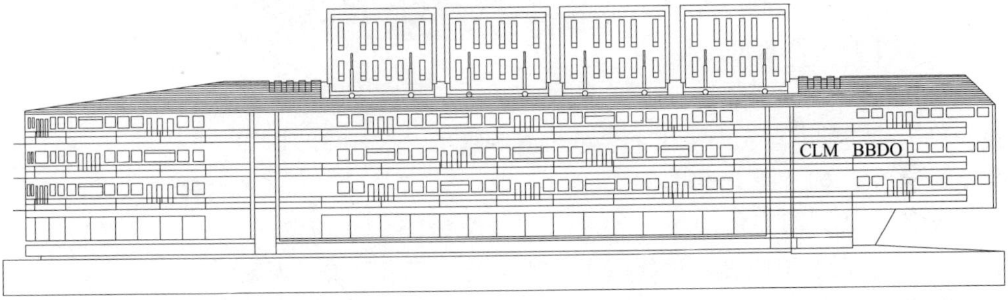

图 1–61
区位图（上）
图 1–62
CLM–BBDO 广告公司总部立面（下）

15 米 ×20 米的中庭空间宽阔而又明亮，银灰色的休息室和办公室环绕中庭布置且对着中庭开窗，并通过金属过道交错相连。办公室内金属网格地板，坚固的红色皮质座椅，以及室内灯管等要素产生出强烈而又动人的对比效果，呈现出牡蛎、珍珠般的光辉。让·努韦尔由内而外，将传统的装饰图案运用于建筑物上，全面地塑造了一个崭新的建筑形象。

由此可见，让·努韦尔在建筑设计中所运用的装饰图案与原有环境有机地融

图 1–63
横跨主层室内的场景

合在一起，并非是虚假多余的表面形式。这些装饰图案在建筑设计中的主要作用在于，其一，以独特的形象反映建筑的性格特征；其二，美化建筑，满足一定的审美要求；其三，表现了某一主题性，创造特定的环境气氛。让·努韦尔设计的2000年建成的瑞士卢塞恩旅馆，也以别出心裁的装饰图案设计，创造出与现代文化相融共生的、给人以丰富的知觉体验的建筑形象。例如，让·努韦尔精心设计了建筑内部的顶棚图案，这些图案由各不相同的电影场景组成，为人们提供了自由想象的空间。尤其是在夜晚灯光闪烁时，顶棚上的图案映衬在建筑立面上那多彩的色块和迷朔的灯光图案中，更是给人们带来一种神奇的视知觉体验（图1–64，图1–65）。

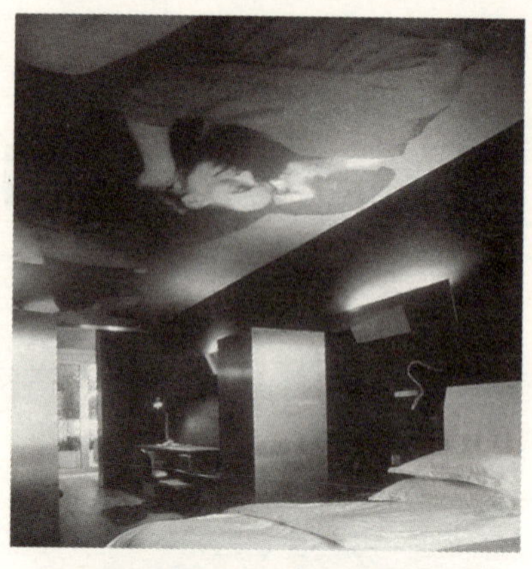

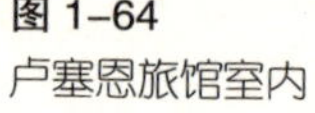

图 1–64
卢塞恩旅馆室内

图 1–65
卢塞恩旅馆局部外观

传统的装饰图案体现了一种对于传统文化的传承与发展，让·努韦尔对装饰图案的创新应用给建筑及其环境带来了无限生机和艺术魅力。让·努韦尔对于传统符号的利用不是简单的拷贝，而是运用现代的技术手段对传统符号加以提炼和改造，使其在传统的基础上更具时代特色。他利用具有传统意境的元素符号和现代的设计手法向人们展示出一种具有传统文化气息和时代特色的建筑空间。由此可见，让·努韦尔的手法丰富了建筑创作的领域，深化了建筑设计的内涵。

2. 历史符号的回归与超越

时代精神与历史传统密不可分。在新时代的要求下，让·努韦尔力求对历史传统进行重新发现和再创造。早期的现代建筑大师勒·柯布西耶（Le Corbusier）就曾把古典建筑的理论运用到现代创作中。例如，勒 · 柯布西耶在萨伏伊别墅设计中运用了雅典卫城的“建筑漫游”的构思，“从巴黎驱车看到的连续景色以及别墅的带型长窗，使人联想到帕提农神庙装饰在连续檐部的祭神庆典浮雕，走上萨伏伊的坡道犹如攀登卫城山门前的阶梯，而在坡道的尽端所见正如进入山门后东端开阔的远景”[19]，创造出一系列不对称但均衡的建筑景观。让 · 努韦尔严格遵循传统的建筑方式，他常常在设计中运用传统的平面布局、空间、外观以及细部来传承历史。更重要的是让 · 努韦尔打破了传统历史的条条框框，建立一种新的历史观——用旧语言组成新语汇，表达新内容。

让 · 努韦尔尊重环境、尊重历史，充分理解历史符号的外在形式和内涵因素，以严谨的创作思维进行创作，实现对历史的回归和超越。例如让 · 努韦尔设计的法国尼姆里昂新歌剧院就说明了这一点。旧的里昂歌剧院建于 1831 年，位于法国第二大城市里昂的中心地带，主要用来演出歌剧，原剧院的观众席和舞台设施无法适应现代演出的要求。于是，1986 年进行了对歌剧院的扩建和整修方案的招标竞赛，让 · 努韦尔在投标中中标。地段附近毗邻着 19 世纪的 Ville 旅馆、市政厅、博物馆等古老建筑。因此，让 · 努韦尔保留了旧里昂歌剧院的一层和主厅，将典型的边拱廊、入口立面之上的八尊塑像、古典的剧院门廊、饰以金箔的墙和顶棚都原封不动地保留下来，使其结构与周围环境统一地联系在一起。新里昂歌剧院的外观具有新古典主义风格，它再现了历史，呼唤起对历史的回归。此外，让 · 努韦尔能够在竞赛中获胜的原因之一是他把新剧院视为现代里昂城市的象征，实现了对历史符号的超越。项目的设计要求主要包括大型休息厅、200 座的圆形剧场、公共空间、餐厅、新的排演设施。让 · 努韦尔在两层连续拱廊的上方新设了巨大的半圆筒形玻璃屋顶，暗示了历史上市中心城墙的意识理念，也标示着它是一座新的现代建筑（图 1−66 ~ 图 1−68）。屋顶下巨大的空间内布置了试演厅、办公室、咖啡厅、休息厅等功能空间，屋顶在材料、纹理和色彩上与周围建筑相辅相成。此外，新加的玻璃墙和玻璃入口与旧歌剧院建筑的柱廊和拱券有机地联系在一起。因此，这座新的建筑是传统理念和现代思想相融合碰撞的产物。让 · 努韦尔对历史符号巧妙地运用，给城市的发展带来了积极正面的影响，为城市

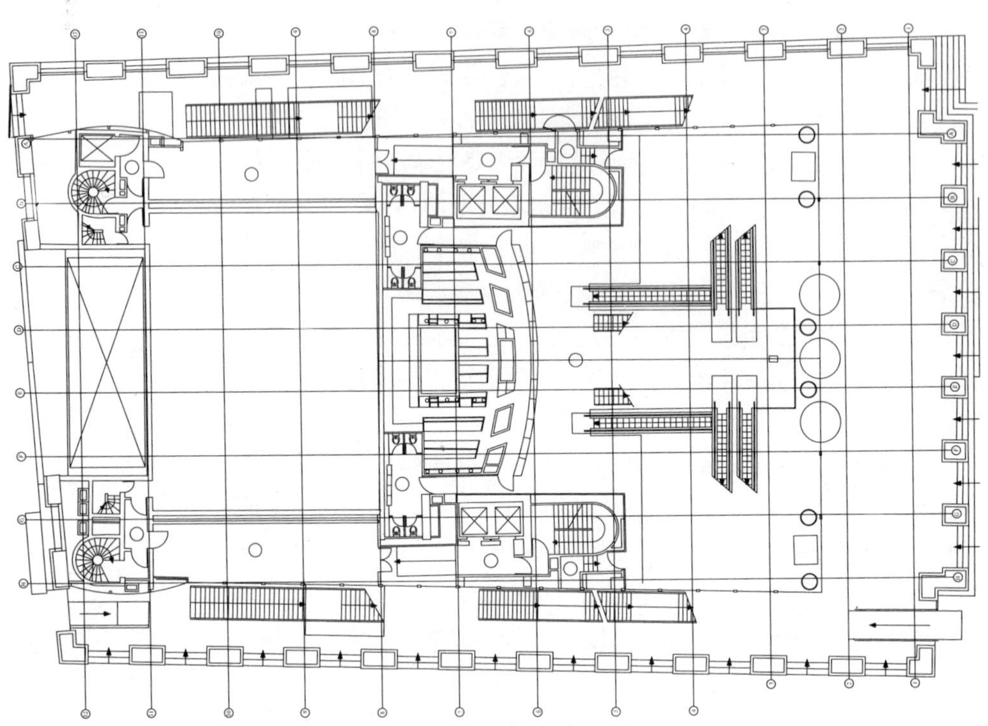

图 1-66
里昂新歌剧院一层平面

注入了新的活力。对于传统环境中改造的新建筑物，最重要的是因地制宜，根据建筑自身的内在要求，结合环境的条件，建造回归且超越历史的建筑。

让 · 努韦尔在 1993 年设计的维也纳公寓也是表达他这一设计理念的一个重要实例。维也纳是欧洲的文化中心，也是各种文化遗迹汇集的地方。维也纳公寓的外部造型和建筑细部的设计构思源于他对维也纳这种多元文化传统的尊重，光滑的墙面、木制的格子窗、深红色的金属屋顶等元素的使用，使这座公寓的历史韵味十分浓郁，而现代材料的介入又为这座建筑增添了十足的现代感（图 1-69 ~ 图 1-71）。让 · 努

图 1-67
里昂新歌剧院外观

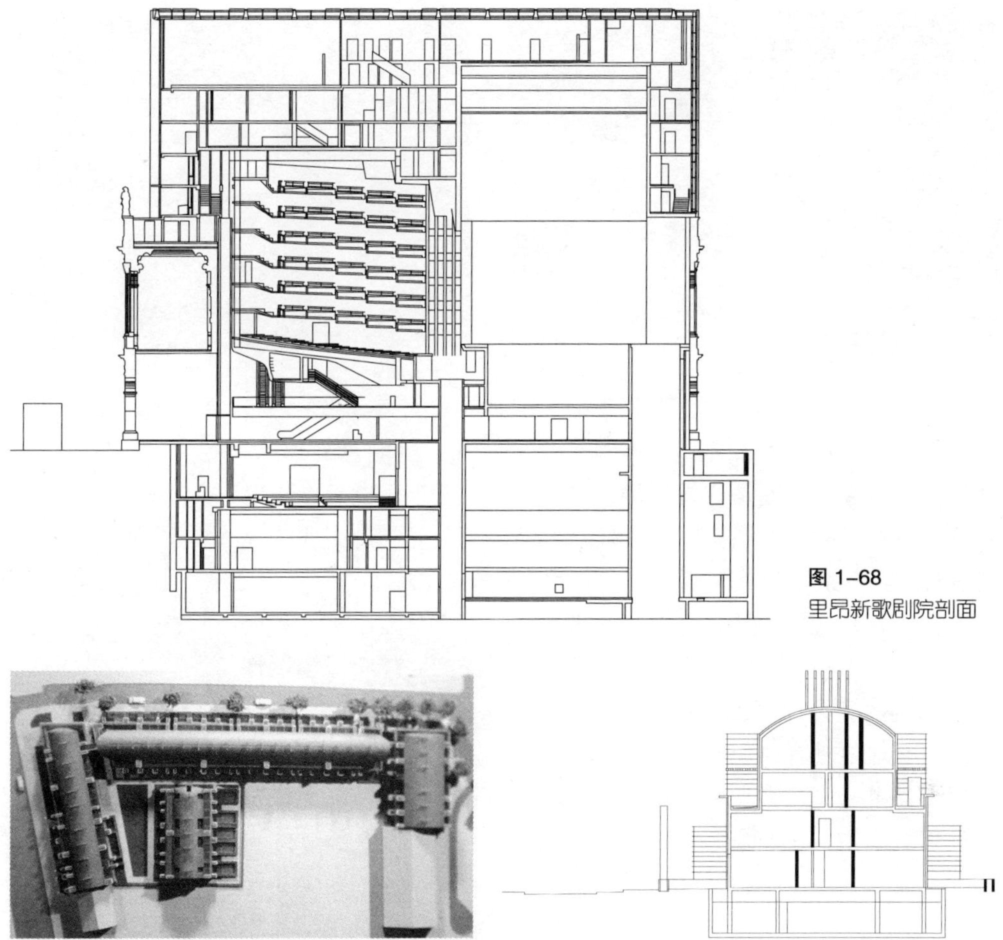

图 1–68
里昂新歌剧院剖面

图 1–69
维也纳公寓模型鸟瞰（左）
图 1–70
维也纳公寓剖面（右）

韦尔对历史符号应用自如，他将传统的建筑空间和细部装饰与现代技术有机地结合，体现一种独特的超越历史的现代风范。

在盖 · 布朗利博物馆的设计中，让 · 努韦尔将原始艺术符号融入到了建筑当中，进一步深化这座博物馆收藏来自非洲、亚洲、美洲与大洋洲的原始艺术珍品的主题。他邀请了八位澳大利亚土著艺术家为博物馆绘制建筑的部分墙壁和顶棚，使史前石窟壁画这一艺术形式永久保留下去。此外，博物馆中零售店和书店的角柱等建筑细部都由土著艺术家参与装饰（图 1–72）。对于这种做法，让 · 努韦尔曾这样解释："那是因为我认为 20 世纪的抽象主义已经过时了。它是很伟大，但是现在我们拥有更多的材料，我们为什么要限制自己而不去使用它们呢？我就经常使用照

图 1-71
维也纳公寓立面（左）
图 1-72
盖 · 布朗利博物馆室内（右）

片等印刷影像……我希望自己的建筑能有独特的个性。在盖 · 布朗利博物馆，我为物品创造了特殊的空间。从象征的意义来看，使用每个地区的图案是非常有趣的。”[20] 让 · 努韦尔能够准确地把握历史符号的深层意义，恰到好处地将历史符号应用到他的建筑设计中，创造出具有深刻文化内涵的建筑作品。

在当代多元化的社会人文背景下，建筑形式日益丰富，如何改变建筑千篇一律的方盒子造型并将题材广泛的文化符号创造性地运用到建筑设计中去已成为当代建筑师关注的一个重要课题。建筑符号通常具有典型的形态特征，代表一定的特殊意义，它给人以美感并传达特定的信息。让 · 努韦尔突破了对传统历史符号的因袭摹仿，而是强调古典与现代相结合，突出建筑设计的主题性。

3. 传统色彩的象征与拓展

建筑色彩包括建筑材料固有的色彩和人工赋予建筑物的色彩。正所谓色彩是眼睛的诱饵，建筑色彩能在直观上让人产生视觉美感。此外，色彩还常常用来表达一定的象征意义。例如，中国江南民居多为白墙灰瓦相映，房屋外部的木构部分用褐、黑、墨绿等颜色，与周围自然环境非常协调，象征人与自然的质朴与清和。波斯麦底亚国首都艾克巴塔纳（Ecbatana）的七重城墙，分别饰为白、黑、紫、蓝、红、银、金，这个饰有七色的城垒，象征天上七个星球围绕太阳，暗示麦底亚人（Madigas）的宇宙观念和王权思想。法国的传统建筑多采用红砖顶或金顶、白色大理石墙、红铜色或绿色门窗，体现着华贵和浪漫。这一点还在法国国旗的用色中有所体现：法国国旗由红、白和蓝三种颜色构成，寓意为独立、自由、平等、博爱。可见，建筑色彩是表现建筑形象及渲染环境气氛的重要因素之一。正如法国设计美学家德卢西奥 · 迈耶曾指出，“色彩的情感特性堪与音乐相比。”[21]

让 · 努韦尔对色彩很敏感，他喜爱绘画，他在儿时曾梦想成为一名画家。在他成为建筑师之后，他把对色彩浓厚的兴趣转移到建筑领域。在他的建筑设计中，让 · 努韦尔常常赋予建筑色彩以丰富的象征意义，体现一定的时代精神，堪称独具匠心。在法国南特法院的设计中，让 · 努韦尔成功地运用了传统的色彩语言表达出时代感和现代性。该建筑坐落于卢瓦尔河（loire）河畔，遥对南特市中心，周边是一些历史遗留下来的陈旧的工厂和仓库。让 · 努韦尔将南特法院设计成内外几乎全部为黑色的建筑：黑色的外墙、黑色的花岗石地面、黑色的天棚及内墙，天棚上点点聚焦灯光犹如黑夜里的星光。30 米跨度的金属屋架下是 15 米高的方形公共大空间，内设 3 个封闭的混凝土结构的方盒子，布置有 8 个大小不等的法庭，而法庭内部是鲜艳夺目的橘红色（图 1–73 ～图 1–77）。让 · 努韦尔用黑色来象征法官身上的黑袍，而用橘红色象征检察官的外衣。南特法院是一个象征公正、平等与权威的建筑。在这里，为了表达建筑和场所蕴含的历史文化底蕴，让 · 努韦尔运用黑色与橘红色这些传统的色彩，在现实与历史中捕捉到有意义的联系，创造出独具个性的建筑作品。

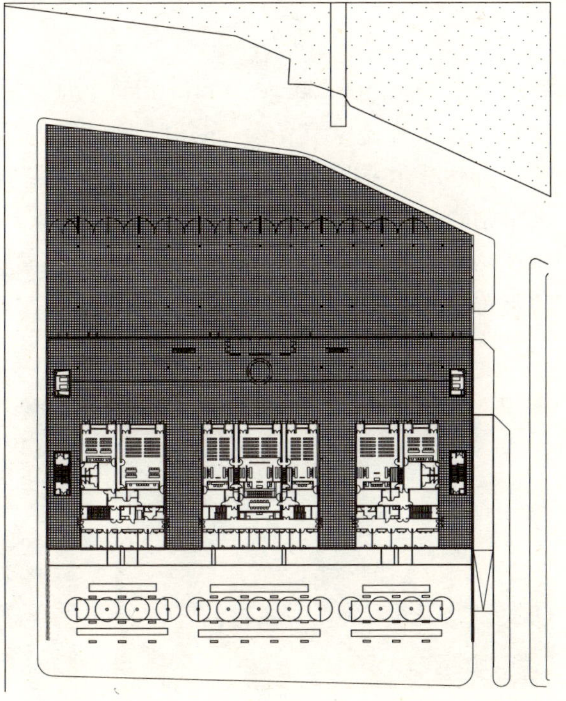

图 1–73
南特法院一层平面

色彩往往被看作是一切视觉因素中最活跃和最具有冲击力的因素，因为色彩能够表现感情，每个色彩都有它自己的感情属性。让 · 努韦尔巧妙地运用色彩的感觉和情调，通过色彩设计，表现出深刻的象征意义。例如，让 · 努韦尔 1991 年设计主办的法国巴黎

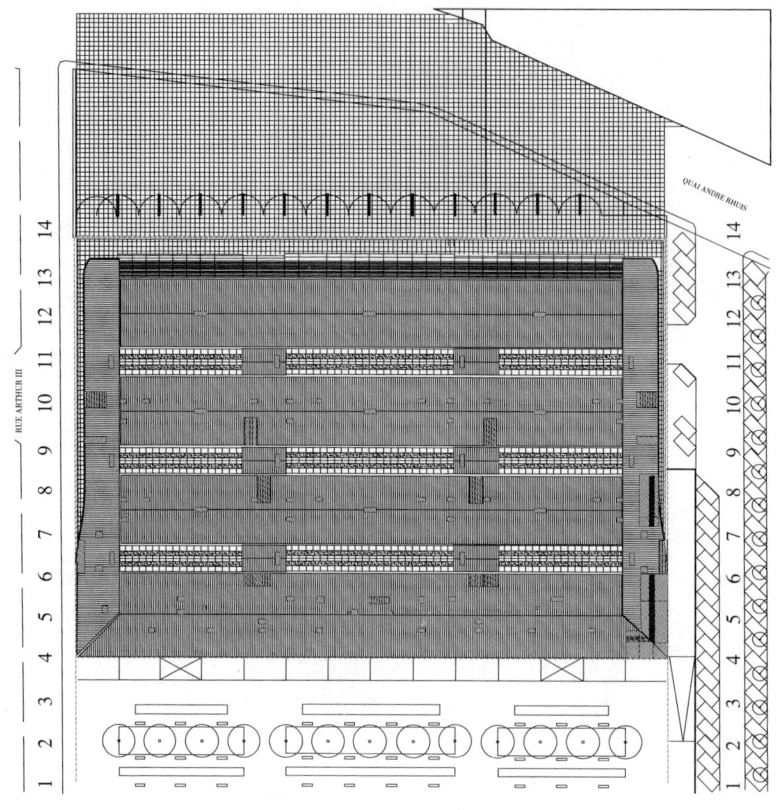

图 1–74
南特法院屋顶平面

乔治·布达叶尔(Georges Boudaille)展览会就是一例。让·努韦尔与艺术评论家乔治·布达叶尔一起生活了十五年，当乔治·布达叶尔去世时,让·努韦尔决定在奥斯特利兹(Austerlitz)火车站的停车场地举办一个展览会以纪念他。于是，让·努韦尔在场地摆放了一系列盒子式临时性建筑："盒子"覆盖着黑色防水布，很轻，每个"盒子"都用黄色的笔写着这个艺术家的名

图 1–75
南特法院侧面外观（左）

图 1–76
南特法院法庭室内（右）

图 1–77
南特法院正面外观

图 1–78
乔治 · 布达叶尔展览会场地中覆盖着黑布的帐篷盒子

字（图 1–78）。这个活动场所的边界和交通流线通过使用高速公路代码的有色标志被清楚地标识出来。让 · 努韦尔将色彩的运用与建筑的功能协调一致，从而加强了建筑物的表现力度。

让 · 努韦尔擅长使用色彩塑造出具有张力的建筑造型，营造一种神秘、诗意的空间效果。例如他在建筑设计中曾多次用到红色，红色醒目、开放、富有现代感，象征着积极向上的时代精神。2002 年威尼斯建筑双年展的主题是“未来”，让 · 努韦尔设计的国家馆布置在从入口通往意大利馆的通道中间，有一堵红色金属墙壁为标志，在阳光及绿荫中的这堵红墙具有很强的感知性，它唤醒了人们对未来的想象，带来了很强的视觉刺激。此外，让 · 努韦尔 2001 年设计的意大利贝加莫布莱姆博技术中心也是一例。布莱姆博（Brembo）是意大利的一个生产汽车和刹车部件的著名品牌，布莱姆博技术中心包括主要研究中心、车间、旅馆和其他商业服务功能空间。这座建筑建在贝加莫市沿着米兰至威尼斯高速公路的边上（图 1–79 ~ 图 1–82）。为了使建筑更加醒目，让 · 努韦尔设计了一个 1000 米长的红色机动车道，长长的一片红色墙体的设置有效地隔离和防护了高速公路上的各种噪声，就像一个屏幕将建筑与宽广的环境场地隔离开来，而建筑在红色的映衬下生动而独具个性。

让 · 努韦尔还常常将多种色彩同时运用在一个建筑设计中，制造出一种虚幻、变化的建筑场景。多种艳丽的颜色糅杂在一起，表达了信息时代社会的不确定性和复杂性。例如让 · 努韦尔设计的 2005 年建成的西班牙巴塞罗那艾伯格（Agbar）大厦就表达

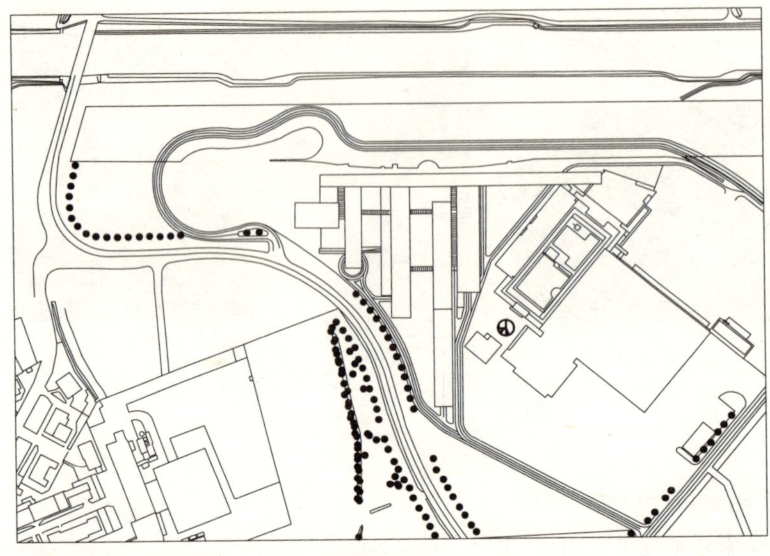

图 1–79
布莱姆博技术中心平面

图 1–80
布莱姆博技术中心外观

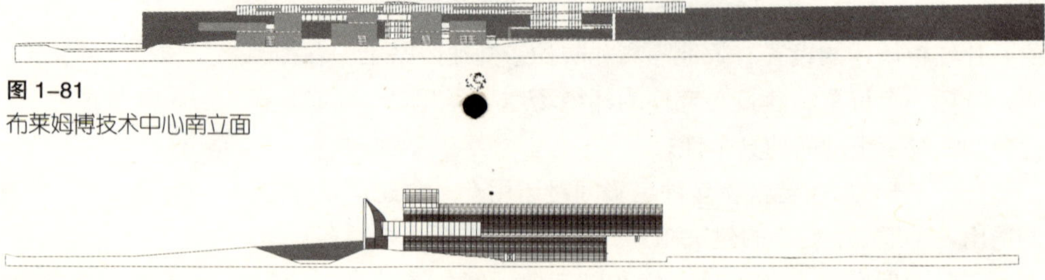

图 1–81
布莱姆博技术中心南立面

图 1–82
布莱姆博技术中心西立面

了他的这种思想。大厦的立面由安装在混凝土表层的、25 种色彩的铝板组成。多种色彩的大厦表皮并没有杂乱乏味之感，而是随时间的变化由红色到蓝色变幻无穷，非常美观、醒目（图 1-83 ～图 1-85）。由此看出，不同的色彩象征不同的建筑品格。不同的时代对色彩的要求也有所不同：原始时代，人类利用色彩美化生活

图 1-83
艾伯格大厦立面局部（左）
图 1-84
艾伯格大厦立面细部（右）

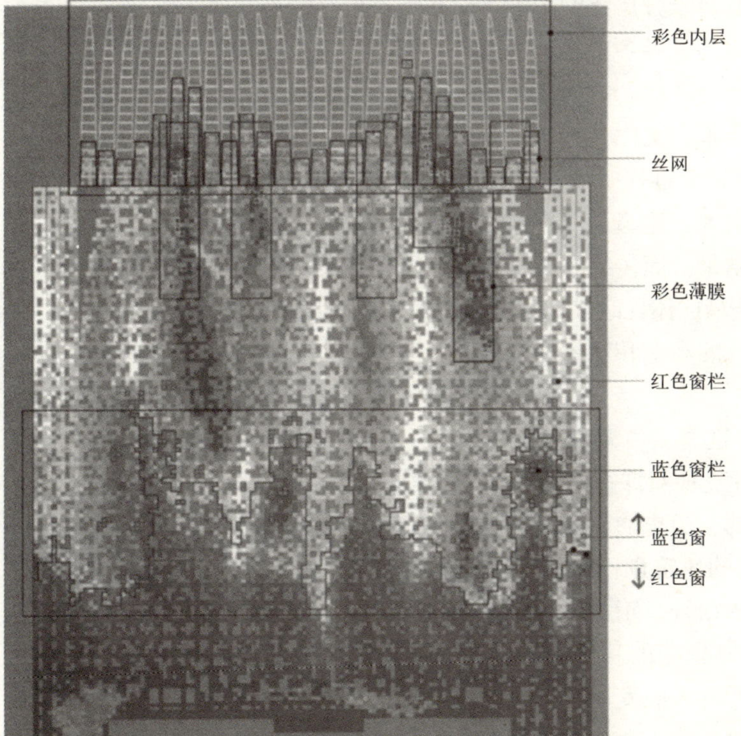

图 1-85
艾伯格大厦内部立面彩色元素构成

或装饰器物；封建时代，人们以色彩区别贵贱尊卑……信息时代，人们追求用色彩制造感觉愉悦。让·努韦尔的建筑设计耐人寻味，很重要的一个因素就是他能够娴熟地运用色彩表现一种蓬勃向上的时代精神。

通过以上的分析，可以看出让·努韦尔总是以独特的视角审视历史传统，在历史传统中寻找属于时代的文本。让·努韦尔往往从传统中提取历史性元素并将其融入他的现代建筑设计之中，进而创作出别具一格的建筑作品。传统的装饰图案以现代的技术和材料演绎出来；历史符号成为城市肌理环境中活跃的音符；传统色彩倾诉着建筑的现代情感。这些创新为让·努韦尔的建筑设计增色不少。让·努韦尔的建筑创作深深地体现了历史文化和时代精神的完美融合，并一直成为他建筑创作的主要思想。

四、传统因子与现代因子的共振

建筑是一门综合的艺术，文化、历史、地理、经济和社会等各种因素都对建筑有着十分广泛的影响。而在当今世界，可持续发展的观念正逐渐成为世界各国建筑师进行建筑创作的指导思想，其真正目的在于综合考虑和统筹处理各种与建筑设计相关的政治、经济、社会、技术、文化、美学等各个方面问题，进而提出整合的解决方案。在这个过程中，新旧因素相互影响，相互促动。因此，从某种意义上来说，建筑设计作品的最终产生也是传统因子与现代因子共振的结果。而传统因子是最能突出传统文化内涵的因素，现代因子就是最能体现时代精神的那些因素。由此可见，建筑师以广义的、综合的观念和整体的思维进行建筑创作是十分必要的。

让·努韦尔的建筑作品中充满变化，这源于他对传统因子与现代因子共振的关注。他对许多脉络因素产生兴趣，概括起来，这些脉络因素有文化的、历史的、地理的、经济的、社会的等多种形式。让·努韦尔的建筑创作从不同角度体现出他对传统文化的传承与勇于创新的精神。正如让·努韦尔曾说过，“建筑的将来不是建筑的……20世纪的科技以及文化的革命和进化已经证明了这一点。同样的，人们发现理想的建筑物或者理想的城市规划设计也是很荒唐的；这么做其实就是一个反常的做法。人们可以给建筑强加一个意识形态的规律这样一个观点本身就是错误的，这对于在现代城市当中的建筑来说是不适当的，因为已经不再存在固有的规律了。”[13]这表明，今天建筑的概念不再是单纯的建筑个体的概念，仅由固有的规律规定的建筑，而是根植于现代的城市和社会的综合产物。

1. 文化脉络因素

对让·努韦尔而言，文化是孕育建筑的土壤。生活方式、风俗习惯、伦理、道德、宗教、哲学、美学等等，这些无形的文化观念对建筑设计有重要影响。文化的自身积淀和发展使建筑的内在精神和外在风格得以延续。文化脉络因素既有历史积淀下来的传统因素，也有新时代孕育的现代因素。这些因素交织在一起，相互制约和影响。对待建筑设计中遇到的文化因素问题，让·努韦尔采取继承传统与积极创新的态度，他的建筑设计往往在传统与现代之间的对接中展开，体现了传统与现代文化脉络因素的融合。正是由于深入细节、衔接文脉，让·努韦尔成功地创造出蕴含文化价值的建筑作品。

在全球化的环境中，建筑的跨文化交流变得愈来愈频繁和广泛。各种方式的跨文化交流有利于促进建筑的丰富与创新，是建筑得以进步发展的重要手段。张钦楠先生在“建筑学与职业精神”的分题报告中，充分肯定了跨文化交流的重要意义，他指出：“不论你意识与否，当不同文化对撞时，最有生命力的往往是自觉或不自觉产生的非此非彼、亦此亦彼的跨文化产物。21世纪世界建筑师的职业精神就是在接受全球性的同时，承认各民族、地区和地方文化的价值，以平等合作的方式创造出丰富多彩的、跨文化的新建筑。”[22]让·努韦尔在20世纪末设计的韩国汉城三星艺术博物馆是一个很好的例子。让·努韦尔充分地认识到建筑与城市文化的密切联系，在建筑设计中融合了多元文化的互补交流的理念。建设地段处在首尔的老城市和江南开发区连接的地方，且在城市中心住宅区的特殊地段，受到保留自然景观和严格限定楼层高度的条件限制。这座博物馆是韩国最大的私立美术馆之一，包括古代艺术品展馆、现代艺术品展馆和儿童教育文化中心三栋建筑（图1–86～图1–89）。让·努韦尔设计的是现代艺术品展

馆，这个展馆用来收集和展示各国优秀的近现代文化艺术品遗产。让·努韦尔将建筑的各展台内部设计为无柱的开阔空间，提高了空间的利用率。多种形态的盒子沿建筑外墙设置，盒子外表面饰有经过特殊处理的黑色不锈钢材质，盒子在建筑物内部则是别致的艺术品展示空间。在建筑内部可以根据展品的性质，利用墙壁或临时构架改变内部空间的形态布置。基地中挖出来的岩石层层叠放在建筑物外墙的铁丝网中，透过石头的缝隙可以将自然引入室内。这里，让·努韦尔使用随意摆放的展示盒子创造出相对自由的展示空间，这个展馆为韩国文化遗产的传承创造了条件，同时也表现了新时代文化多元互补的特征。

图 1-86
汉城三星艺术博物馆鸟瞰（上左）
图 1-87
汉城三星艺术博物馆局部（上右）
图 1-88
三星艺术博物馆之现代艺术品展馆(下左)
图 1-89
现代艺术品展馆细部（下右）

人与自然是文化的两大主题，20 世纪后期的全球性生态危机证明了科学与人文的对立和分化是导致环境危机的重要原因。1959 年，英国物理学家 C.P. 斯诺在剑桥大学演讲《两种文化与科学革命》中曾指出，“自 20 世纪 30 年代起，科学与人文就出现了裂痕，并且各自为政，各行其道，形成了相互隔离的文化“两极”……解决文化分裂的基本办法是期待融合人文文化与科学文化的第三种文化的产生。”[23] 这里的第三种文化就是生态文化，科学与人文的融合是必然选择。让 · 努韦尔坚持现代主义建筑思想，强调建筑设计以功能为中心，在建筑设计中充分考虑自然、人文因素，创造出同时代条件相适应且富有人文精神的建筑。让 · 努韦尔设计的西班牙巴塞罗那艾伯格大厦，高 142 米，双层外墙的设计极具创新意义。地面一层至二十五层的内层表皮是混凝土墙，外挂五颜六色的波形铝板，外层表皮由不同角度的玻璃百叶构成，两层墙间隔有 70 厘米的狭窄通道。这座建筑运用了生态文化理念，实现了人、自然、环境的和谐统一。外层表皮的玻璃百叶能通过调节角度来控制建筑内层表皮的风压，使大厦实现自然通风（图 1–90，图 1–91）。位于两层表皮之间 70 厘米厚的空气间层用来调节室内空气温度，起到空气对流的作用。地面二十六层至三十一层是透明的穹顶，采用的双层玻璃可以控制空气的气流. 实现自然通风。此外，根据巴塞罗那的日照特征和办公空间的不同朝向，大小不同的窗洞形成不规则的排列形式，进而实现自然采光且保证每间办公室都有朝外的城市景观。因此，这座建筑充满了阳光、自然通风，而且有着很好的城市景观视野，蕴含了生态文化的设计理念。

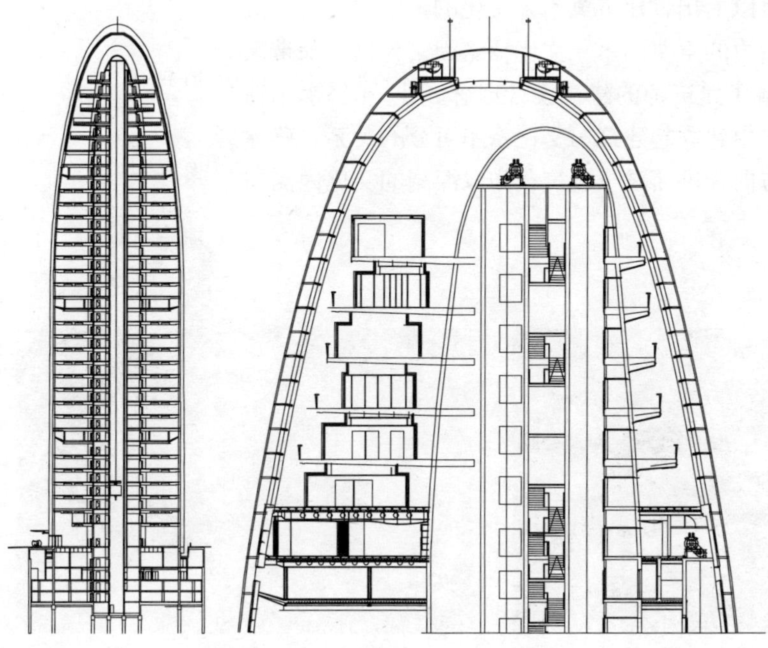

图 1–90
艾伯格大厦剖面（左）
图 1–91
艾伯格大厦管理办公楼层剖面（右）

让·努韦尔设计的法国巴黎爱乐厅同样演绎了科技与人文融合的生态文化思想。这座建筑不同于传统的音乐厅，它象征了城市文化和时代精神。巴黎爱乐厅选址于巴黎东北部的拉·维莱特公园（Parc de la Villette）附近的地段，主要包括可容纳 2400 个座位的音乐厅、办公楼、图书馆和展览空间。音乐厅的外表面由一系列铝质板块折叠布置而成，带有一定的偶然性和复杂性。音乐厅的内部也呈褶皱的形态，四面的坐席以阶梯形式上升围绕着演奏平台（图 1–92 ~ 图 1–94）。这种层叠式设计极具特色，将成为巴黎城市的地标性建筑，既可以丰富巴黎现代城市文化，也将带动城市周边地区的发展。此外，音乐厅的内部设计充分考虑了音质效果，体现了人文关怀。例如，听众距离舞台指挥的服务半径控制在 100 英尺以内，运用大量特殊技术和新材料以达到国际标准的混响时间等等。可见，让·努韦尔在建筑创作中融合科学与人文的内涵的设计理念在如今全球性生态危机日益凸现的时代具有重要的现实意义。

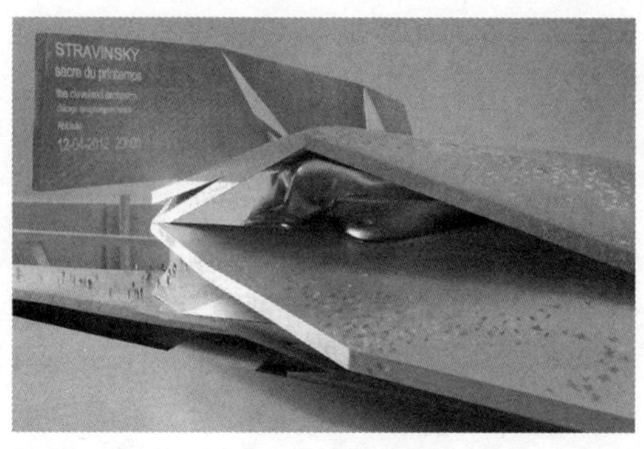

图 1–92
法国巴黎爱乐厅模型一

通过以上分析可以看出，建筑离不开文化的土壤，文化价值是赋予建筑设计以活力的重要因素。文化脉络因素为建筑师带来新的设计思想，丰富了建筑师的建筑设计理念。让·努韦尔在复杂多变的文化现象中建立起建筑与文化密不可分的关系，确立了建筑设计创新的方向，进而赋予建筑创作以深刻的文化内涵与象征意义。

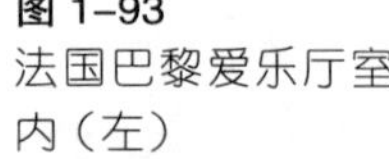

图 1–93
法国巴黎爱乐厅室内（左）
图 1–94
法国巴黎爱乐厅模型二（右）

2. 历史脉络因素

让 · 努韦尔不仅关注文化脉络因素，也非常重视与建筑密切相关的历史脉络因素。对让 · 努韦尔而言，传统的法国建筑界大致可分为两大流派，一个是继承勒 · 柯布西耶思想的现代主义建筑设计流派，另一个是沿袭历史传统思想的古典建筑设计流派。让 · 努韦尔虽然重视历史，但他并没有简单地追随和复制所谓的两大流派的陈旧、乏味的设计原则，而是采用新的设计思路。他不是盲从哪一个历史风格，而是根据建筑设计的实际条件，设计出一件件不拘一格的建筑设计作品。

对待历史，让 · 努韦尔常常采取保留的态度，从不轻易去破坏或割断建筑设计与历史文脉的联系。例如让 · 努韦尔 1991 年所做的巴黎南代尔－拉 · 德方斯（La Défence）主轴线的规划方案就说明了这一点。让 · 努韦尔在这个设计中特别强调了城市历史环境，解决了三个主要的问题：第一是地下的 A86 高速公路的交叉口；第二是城市西部的住宅、教育、办公、净化工业、商业、文化、公共建筑及广场八项基本设施间的联系；第三是要创造一个城市新区拉 · 德方斯（图 1–95，图 1–96）。整个设计沿着一

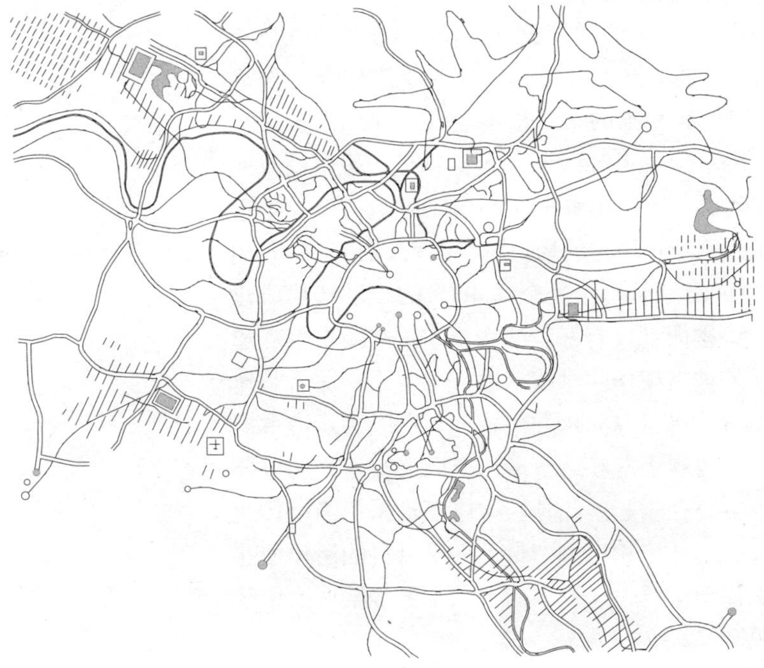

图 1–95
巴黎德方斯地区示意图

条2公里长、120米宽的林荫大道展开，这条林荫大道从德方斯经南代尔郊区通向巴黎西北部的塞纳河畔，且处于“卢佛尔宫—协和广场—香榭丽舍大街—星形广场”这条历史轴线的延长线上，体现了对历史文脉的延续和传承。此外，让·努韦尔为这一历史地段设计了具有现代气息的拉·德方斯，这是一座集写字楼、商业娱乐、住宅等各类设施于一体的现代化商务中心，并设有公园和绿地。让·努韦尔设计的这项方案无论在形式上、还是在理念上，都实现了传统与现代的融合。对于城市历史文脉延续的问题，让·努韦尔这样认为：“城市不应该根据阶段性的规划或者预想的概念来进化，必须从它的起点开始算起，它的将来需要在它的历史的基础上建造。城市应该一步一个脚印地进化。”[24] 由此看出让·努韦尔强调的是根植于城市历史文脉的设计理念，脱离城市环境而设计的建筑就像海市蜃楼一样，是经不起仔细推敲和考验的。

图 1–96
拉·德方斯规划方案

对于处在城市历史环境中的建筑设计，让·努韦尔总是能够捕捉到合适的设计主题，创作出融于环境的建筑作品。例如让·努韦尔设计的捷克共和国的布拉格河边（Riverside）法院就是一例。这座法院的场地位于Smichov地区南侧河边的滨水地段，这里有着很好的欣赏自然景观和城市风景的视野。让·努韦尔的设计宗旨是回应建筑所在城市的历史脉络因素（图1–97～图1–100）。这座建筑的平面呈L形，一个高40米的小塔楼构成建筑的竖向构图元素。塔楼内部设有开敞的会议室，与城市景观建立联系。小塔楼屋顶的坡度模仿防洪警示塔——警示塔通常是建在井上，当河水涨高时，水可以向水井中转移，所以警示塔占据有力的地理位置，而小塔楼坐落在这个参照点以突显建筑的重要地位，且与河岸水景融合在一起。此外，这座建筑采用当地传统的坡屋顶形式与城市历史环境相协调，单色铜质材料的运用使建筑表面随着时间的推移而生锈，建筑因而被赋予更加浓厚的传统意味。

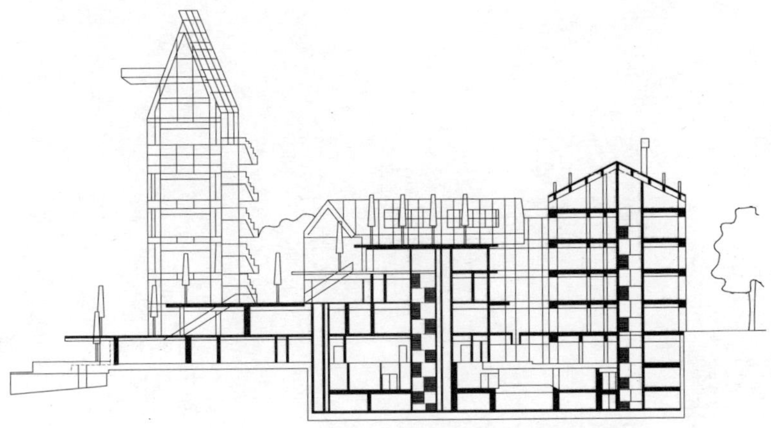

图 1–97
布拉格河边法院

图 1–98
布拉格河边法院整体外观

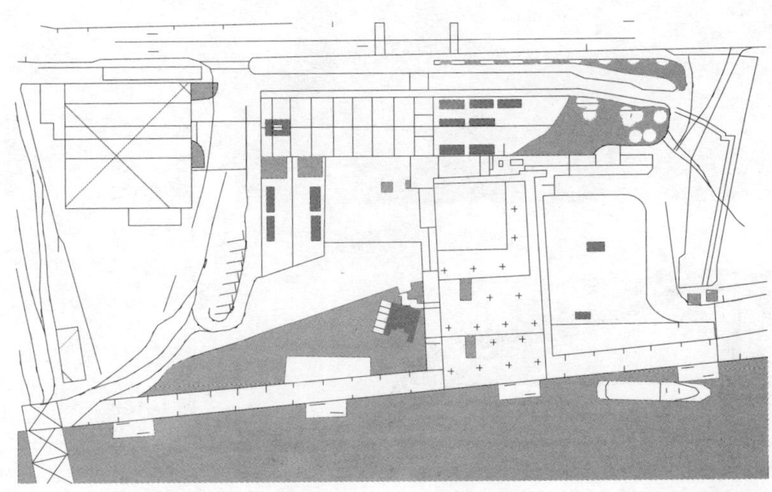

图 1–99
布拉格河边法院剖面一

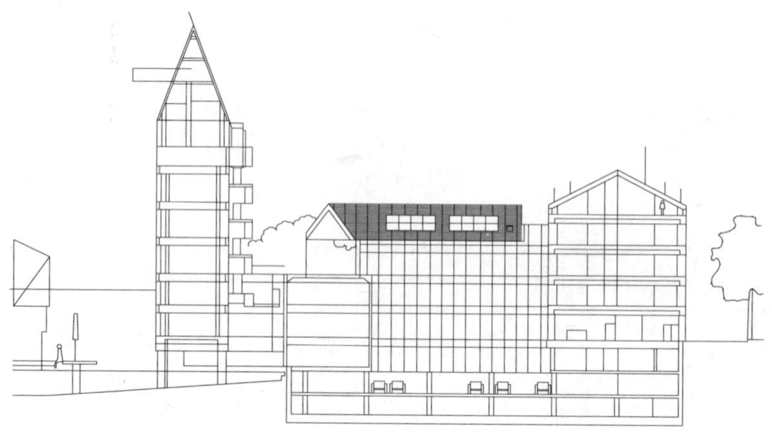

图 1–100
布拉格河边法院剖面二

让 · 努韦尔曾这样表述他的设计方法："历史的学问意味着运用已知的去理解未知的，然后再进一步研究它。它鼓励识别错误，清理出原先被认为是理解了但实际并非如此的领域。你可以把这种方法称为一种哲学方法：我用福柯的方式称之为'知识考古学'。它代表了对分裂、浮现和变革的历史时刻的兴趣或者偏爱。需要解释或证明的本质内容恰恰就在这种断裂的区域中发现。"[6] 让 · 努韦尔在 2000 年的设计作品之一西班牙布尔戈斯的人类历史博物馆表达了远古与现代的碰撞和融合。这座博物馆外观形式参照远古的地形和地貌，表面覆盖着传统特色的地方植物，以特殊的方式讲述着远古时代的历史记忆（图 1–101，图 1–102）。建

图 1–101
布尔戈斯，人类历史博物馆

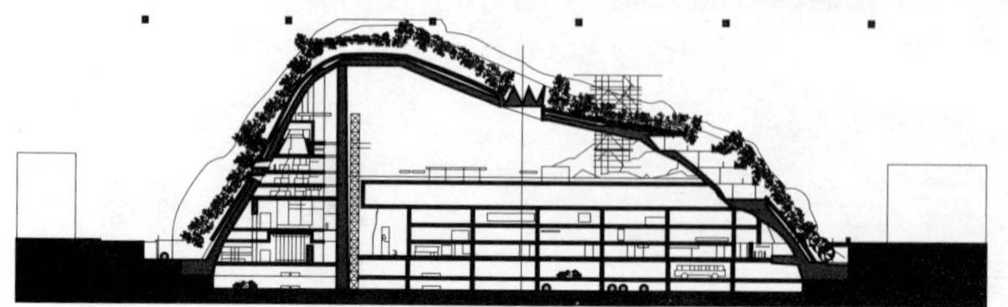

图 1–102
布尔戈斯人类历史博物馆剖面

筑内部挖了一个很大的洞穴，用以展示人类祖先神秘的历史遗迹。此外，让 · 努韦尔为整个建筑引入了现代性的元素，如纤细的可拆卸的金属结构、彩色的网格等元素的使用巧妙地搭接了传统与现代之间的断裂而富有新意。

对于传统历史和现代，让 · 努韦尔曾有过这样的阐释："现代性是一种历史性的操作，永远与记忆相关。所以现代是将记忆作最好的应用，把不同的信息联结在一起，并不一定要依照年代先后……令我感兴趣的是将各种不同的领域联结在一起……我深信真的现代是由历史的真实所产生的，即时代的价值轨迹……建筑师职业的深远意义就在于以创造性的设计联系过去和未来。"[24]通过以上的建筑实例，可以看出让 · 努韦尔常常以历史脉络因素为基础，超越对传统建筑外显形象的追求，以现代方法研究历史传统，从传统中获得启迪，结合当代的实际条件创造出优秀的建筑作品。让 · 努韦尔将建筑设计作为一种媒介，以独特的方式联系了历史文脉和现代精神，他的建筑作品因而凝聚着深刻的时代意义。

3. 地理脉络因素

建筑与自然环境是密不可分、相互依存的。20 世纪 70 年代世界范围的能源危机爆发，引发了各国建筑师对保护自然环境的深入思考。这里的地理脉络因素指的是包括绿化、地形地貌、水文地质、气候等自然环境要素，侧重微观地理层面的认识。让 · 努韦尔曾说，"我对人和自然创造之间的关系很感兴趣……我是一名法国建筑师，这意味着我相信自然可以是一种结构元素，一种我可以利用的材料，一种可以被组织成为另一种建筑的材料……自然的地理和地质学的属性在我们的城市区域中日益强烈地显现……我的作品可以被比作自然的片断。"[24]因此，让 · 努韦尔往往以微观地理的自然观来看待和处理建筑设计的问题。他擅长从自然中探求建筑创作的灵感，妥善处理建筑与自然的共生关系，使建筑成为自然环境的有机组成部分。

在阿联酋阿布扎比的卢佛尔宫（Louvre）古典艺术博物馆的设计中，地段内独特的自然地貌和周边环境激发了让 · 努韦尔的设计灵感。这座博物馆位于阿布扎比的萨迪亚特（Saadiyat）

岛上，在沙漠和海洋的交界处的一片未开发的地带内。所以，这是一个特殊的地理环境地段，一边是荒芜粗糙的沙漠地貌，一边是宽阔徜徉的波斯湾水域。让·努韦尔曾说，“这里必将燃起人们对那些神秘未知的城市的想象热情，如沉在海底深处的亚特兰蒂斯城，或者深埋在沙漠中的楼兰古国。”[25]博物馆主要用来展出法国卢佛尔宫的珍藏品，作为岛上一座重要的古典艺术博物馆，让·努韦尔设计了一系列以小型单间展馆组成的建筑群体，并采用一个圆形屋顶覆盖整座博物馆(图 1−103 ~图 1−105)。让·努韦尔在屋面的设计上采用了伊斯兰风格装饰的镂空图案形成透光的顶棚，使自然光线在地面上留下斑斑点点的阴影，建筑内部空间仿佛是在苍穹下的原始森林，同时，也为建筑内部形成了很好的微气候环境。在外环境的处理上，博物馆外有波斯湾，博物馆内有人工水池，水面反射着建筑，又为建筑增添了活力，调节了建筑的温度，加之对风的合理利用，这些因素共同创造出了一个舒适宜人的外部微气候环境。

图 1–103
阿布扎比卢佛尔宫艺术博物馆模型

图 1–104
阿布扎比卢佛尔宫艺术博物馆外观

图 1–105
阿布扎比卢佛尔宫艺术博物馆室内

瑞士卢塞恩文化和会议中心的设计也是让·努韦尔充分结合地理脉络因素的一个很好的尝试。让·努韦尔在 1995 年米兰讲座中这样评述这座建筑：“这是一个遵循配合周边景观设计原则的实例。它是一座处在特殊地段的建筑——在湖边面对城市。在大厅内可以看到整个城市。”[6]这座建筑主要包括音乐主厅和辅厅、当代艺术博物馆、会议中心、办公室和服务空间。建筑场地位于湖面的尽端，背山面水，自然景观和城市环境都非常优美。让 · 努韦尔设计的这座新建筑的主要元素就是湖。建筑主体离开湖面布置，并将湖水引入到建筑中来。两个音乐厅和会议中心在底层被条状的水面花园分隔开，之间设步行桥相互连接，从建筑中向湖面伸展。此外，让 · 努韦尔还设计了一个巨大的挑出主立面 20 米的铜质坡面屋顶，与湖面景观生动地融合在一起（图 1–106 ~ 图 1–109）。建筑的顶层设有

图 1–106
卢塞恩文化会议中心

图 1–107
文化会议中心外观

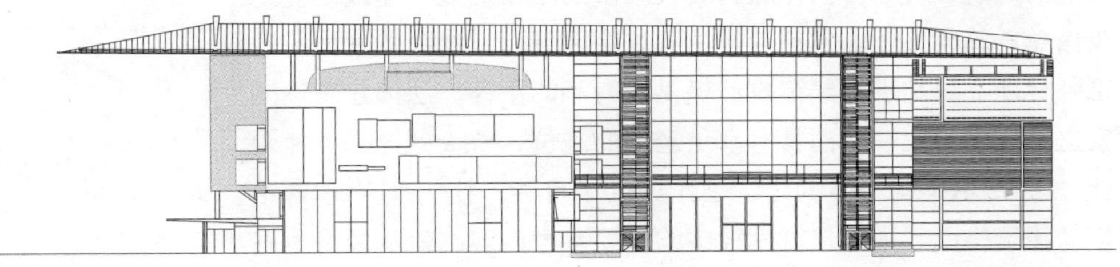

图 1–108
文化会议中心北立面

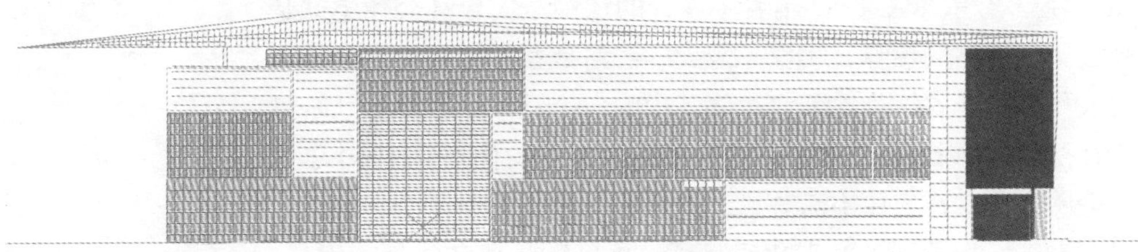

图 1–109
文化会议中心西立面

酒吧和餐厅，这里是一个可供观赏湖面、城市周边环境的观景台。蓝灰色的屋顶嵌板融入天空，水面上倒映出建筑的屋顶，使得这座建筑与周围地理环境结合得浑然一体，生动自然。由此看出，让·努韦尔对自然地理环境秉着一种谦逊、尊重的态度，通过建筑设计与周边环境相呼应协调，进而创作出融于自然环境中的建筑作品。

总之，一个好的建筑不能脱离其周围的自然环境而独立存在。让·努韦尔本着建筑融入自然环境的理念，在设计中充分考虑基地周围自然环境的特点，进而创作出与自然环境融为一体的建筑作品。让·努韦尔在建筑设计中充分考虑基地周围自然环境的特点，将地理脉络因素作为建筑设计构思确立的基础和应对的主题，体现了自然的特定价值。不仅如此，让·努韦尔还努力探索如何充分有效地利用自然要素，如光、风、水、土、绿化等等。他善于结合气候、地理等多种自然环境条件进行设计，实现建筑与自然环境的协调统一。

4. 经济脉络因素

建筑设计离不开经济的发展，经济脉络因素会直接影响到建筑师的建筑设计创作。伴随着时代经济的不断发展，建筑功能逐步由单一趋向多元，建筑形式由简单变为复杂，经济的发展为建筑师标新立异地进行建筑设计提供了有利的条件。法国是发达国家之一，建筑业在法国具有举足轻重的地位，得天独厚的条件为让·努韦尔不拘一格的建筑创作提供了可能。让·努韦尔常常把经济脉络因素视为建筑设计中的重要参考内容。他从经济生态的角度出发，选择合适的材料和结构，以适宜性技术演绎建筑设计的经济价值。

让·努韦尔在1982年着手设计的法国圣安瑞社会住宅就是经过十分严格的预算，实现其最大的经济效益和使用效益的一个代表作品。圣安镇为巴黎北边郊区中的一个社区，多数劳动阶级住在这里。该社区以活跃的跳蚤市场、古老的作坊和1960年代建造的盒子式社会住宅而著名。近年来，圣安镇南区的经济逐渐得到复苏，但北区的情况仍很糟糕。中区的地段环境条件很好，靠近市政厅、公路、学校和其他公共设施，因而中区得到特别重视。

圣安瑞社会住宅建在圣安镇中区，包括46个住宅单元和可容纳46辆汽车的停车场。让·努韦尔设计了其中两幢盒状住宅楼，两楼间形成一个中庭，楼梯和架空通道都安排在中庭内，并直接通往各住户，在住宅楼内部节省了公共交通空间（图1-110～图1-112）。在圣安瑞社会住宅的结构设计上，尽量作优化处理，比如次梁支撑分户墙和地板；隔墙的数量极少；外墙下部用混凝土抹面，上部用木材；窗、楼梯和屋盖最大限度地采用工厂预制产品。这样的住宅可以使居民们用同样的一笔钱得到1.5倍的住房面积。努韦尔曾说："不要花哨的立面，外墙装饰要用尽可能少的钱。我没有形式上的先验的概念，在形式上我是自由的。在这方面，我不问美与丑。美学问题应该排在后面。"[26]

让·努韦尔在20世纪90年代初设计的法国拉那多畜牧中心（Lanaud Genoscope）也是兼顾建筑的功能、形式和经济因素的典型实例。与以往建筑设计不同的是，这次让·努韦尔选取木材作为建筑材料，与周围的乡村环境相协调。建筑的所有者、牲畜养殖者路易·德内维尔（Louis de Nerville）家族在法国利穆赞（Limousin）

图 1-110
圣安瑞社会住宅外部空间

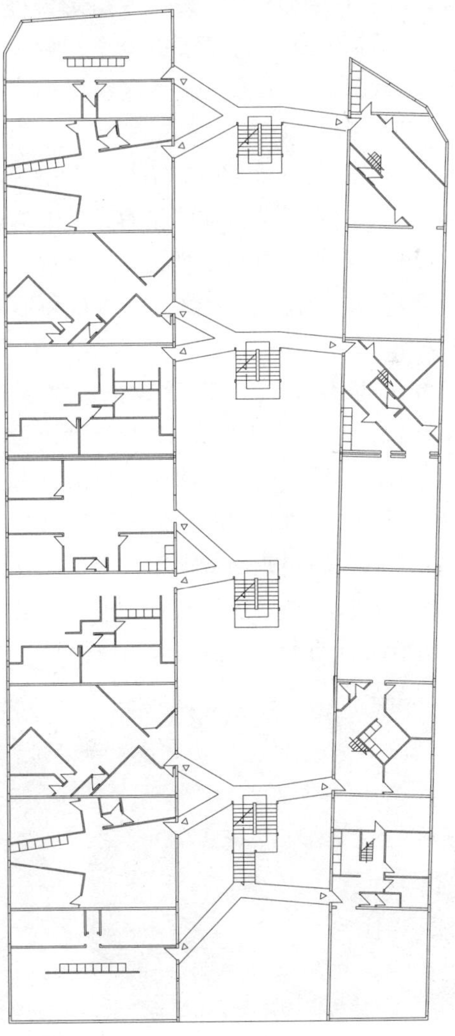

图 1-111
住宅平面

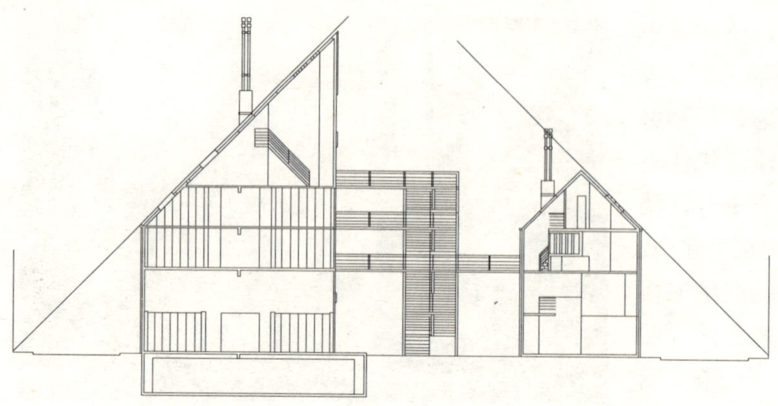

图 1-112
住宅剖面图

地区饲养牲畜有着450年的历史，这座建筑是为持续发展这一饲养业而建，主要包括销售室、会议室、办公室、博物馆和档案中心。让·努韦尔以最低限度的预算完成了这座建筑的设计，这源于他大量地使用当地盛产的冷杉（Douglas fir）木材为主要建筑材料的缘故。建筑的立面使用水平向的窄板木条拼装而成，销售室屋顶平台的地面也是由木板条拼成的带有角度的方格形图案（图1-113，图1-114）。可见，这种个性化的设计极大地降低了建筑的造价，表明让·努韦尔不但为建筑的质量和形式负责，也为建筑的经济因素负责。

建筑是以经济为基础的，有什么样的经济基础，往往就会有相应的建筑形态。让·努韦尔在1989年设计的法国巴黎无限塔方案是为毗邻拉德方斯拱门的一块场地建造世界贸易中心所举行的建筑设计竞赛中的优胜作品（图1-115，图1-116）。这个工程原本是由法国最大的农业信贷银行投资，而且设计方案经过细致研究和分析，证实了项目预算的可行性。但是遗憾的是，法国在20世纪80年代后期步入了经济大萧条时期，办公楼的租金

图 1-113
拉那多畜牧中心（左）
图 1-114
畜牧中心室内（右）

大跌。这一工程也由于经济原因未能得以建造实施。但是不可否认的是这座无限塔的方案设计是节俭和经济的。让 · 努韦尔的创意在于建造一座逐渐消失的环形塔楼，并结合了当时的经济环境背景而创作的。在建筑设计的过程中，他不仅要力求满足建筑法规要求，还要尽可能地满足业主的各种要求，使建筑设计成为一种经济价值意识的体现。

总之，让 · 努韦尔善于把经济脉络因素作为建筑设计的一个参考点，并在建筑设计的过程中体现出经济效益和实用价值。让 · 努韦尔的建筑事务所管理体系完备，包括设计部、商业部、财务部、信息服务部等等。事务所的主

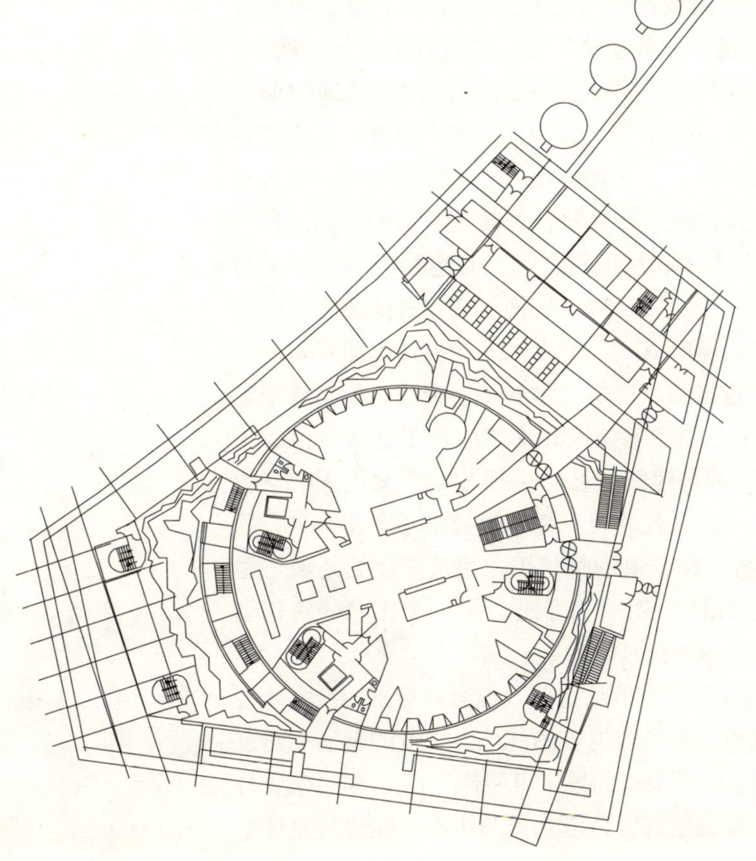

图 1–115
无限塔（上）
图 1–116
无限塔平面（下）

要股东米歇尔·佩利西耶（Michel Pélissié）有着丰富的商业经验，主要负责财务事宜，而且每一项工程都有预算和项目负责人，即工程建筑师。“所有的项目都经过让·努韦尔和米歇尔·佩利西耶磋商后认可，他们为每个项目选择工作组和工程建筑师。让·努韦尔是最后的决定者。工程建筑师就设计创作对让·努韦尔负责，就预算内实现设计方案对资方负责。”[6] 因此，让·努韦尔的建筑设计虽然不拘一格，但他还是非常注重建筑设计的经济问题。这一点也正是现代主义建筑师所秉承的设计原则，满足建筑设计的基本功能和实用要求，做到适用、经济、美观。让·努韦尔并不是沿着早期现代主义建筑师的传统老路走下去，而是在这一原则的基础上创作出适宜性的建筑作品。

5. 社会脉络因素

20 世纪 70 年代法国城市化的危机使法国青年建筑师更多地关注城市与社会问题。一些建筑师陷入了伦理的政治问题中，伦理掩饰政治，美学被包含在社会生活中。法国前总理季斯卡（Valéry Giscard d'Estaing）是个历史主义者，他并不太喜欢现代主义，而密特朗（Francois Mittérrand）则正好相反，大力鼓吹现代化。因此，法国的现代化建筑涉及政治权力的问题。1976 年，让·努韦尔与友人发起法国建筑师三月运动；1977 年又与其他青年建筑师一道发起了一个旨在抗衡正统建筑师协会的建筑联合会。随后在 80 年代初，让·努韦尔连续担任巴黎双年展中的建筑双年展的首席建筑师。巴黎双年展是一个展示前卫造型艺术的展览，让·努韦尔在学术争论和交流中作了许多有益的工作。让·努韦尔的论调是建筑是社会生活和城市文化影响下的产物，建筑的历史观点同现代的观点都不能提供一个切实可行的起始点。他曾这样说：“在当前的时代里，建筑陈述的是城市主义的语法，是社会生活的逻辑。”[6] 因此，让·努韦尔的建筑创作与社会脉络因素有着不可分割的关系。

让·努韦尔的创业初期正值法国工业社会向后工业社会转型的时期，工业技术成为当时社会进步的标尺。工业的发展为建筑师建筑设计创新提供了前所未有的技术可能性。让·努韦尔坚持现代主义建筑思想，强调建筑设计以功能为中心，在建筑设计中充分考虑人性化因素，创造出同后工业化时代条件相适应且富有人文精神的建筑作品。让·努韦尔在1985设计的法国南特市科学与技术信息研究院就是一例。这个研究院是法国政府的研究机构国家科学研究中心的一个子机构，建造这座建筑的目的在于储存和归类各种科学信息（图1–117～图1–120）。让·努韦尔的设计构思源于工业厂房，整座建筑就像是由多种形式构件组装而成的大型工厂。他使用钢、玻璃、混凝土以及铬合金等材料、大面积的计算机屏幕和全自动控制系统，将研究中心设计成为一个信息加工车间，以表达他对建筑功能的重视。所以，任何一件建筑作品都是在一定的社会环境背景下建成的，建筑设计源于建筑师对社会环境的内涵与现状的感知。

此外，随着科学技术的不断发展，西方各国逐步进入了信息化社会。其特征就是数字技术不断充斥着人们生活的物质世界，虚拟信息成为社会生活中一个必不可少的组成部分。因此，信息化社会是非物质的，非物质作为一种社会时尚，滋生了建筑设计新的审美取向。让·努韦尔重视社会脉络因素，对当前的社会现象进行理性思考，努力创造出符合新时代社会需求的建筑作品。让·努韦尔在1990年代初设计的法国巴黎卡蒂尔基金会现代艺

图1–117
南特科技信息研究院外观一（左）

图1–118
南特科技信息研究院外观二（右）

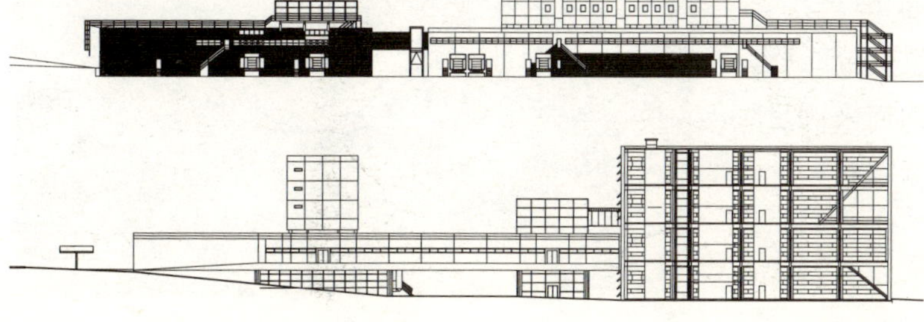

图1–119
南特科技信息研究院北立面

图1–120
南特科技信息研究院剖面

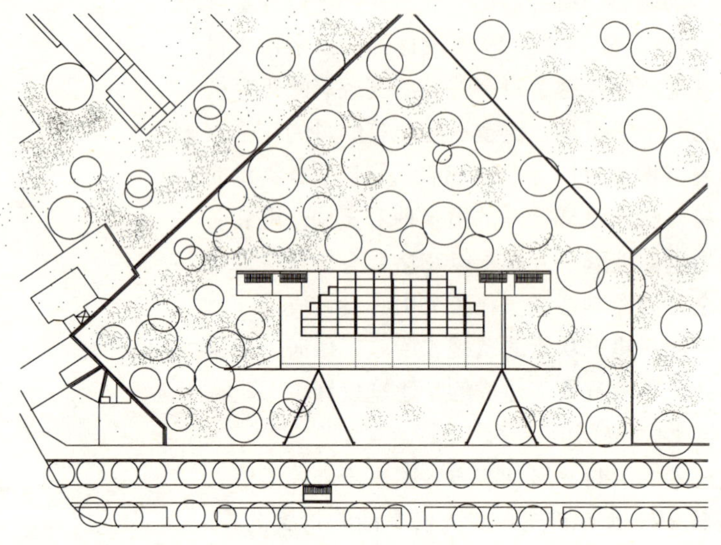

图 1-121
卡蒂尔基金会现代艺术中心平面

术中心，由于体现了非物质化的设计理念而在法国享有盛名，尤其是备受当代青年艺术家的青睐（图 1-121，图 1-122）。让 · 努韦尔以玻璃和钢为建筑材料，创造出一座虚幻的、透明的、非物质化的建筑体量，并在更深层面上反映了当代社会的审美价值取向。

让 · 努韦尔对于社会脉络因素的关注还表现在他把建筑实践当作一种社会活动，强调建筑设计过程中的团队合作精神。他曾说，“在许多工程的开始，我同我的团队以及其他人有许多会议、讨论、分析等等。这就好像列目录一样简单——列出应该做的事情和不应该做的事情！这帮我在头脑中建立一个解决问题的可能的图像——并且我设计的建筑并不是解决一个简单问题的事情。然后我做出一个选择——这就像飞向空中，这只能是我的选择，建筑师的选择并且是我的责任。然后我要同团队进行沟通，告诉他们这些理念的自然解释，告诉他们这些方面如何来满足要求，为什么选择这些材料，如何来处理灯光，等等。在我们更进一步的讨论后，团队才开始作图

图 1-122
卡蒂尔基金会现代艺术中心外观

做模型。在作图的过程当中我们必须随时准备解决新出现的问题。"[13] 通过团队合作，让·努韦尔对建筑设计中的公众性和社会性给予了更多的关注。在设计瑞士卢塞恩文化和会议中心的过程中，让·努韦尔与官员、承包商、声学工程师、市民代表和公众成员建立了广泛的合作关系，以高度的社会责任感积极地投入到建筑设计之中，创作出综合不同使用功能、场地自然景观和城市文脉等多方面要求的建筑。

通过以上分析，可以看出建筑设计涉及文化、历史、地理、经济和社会等多种脉络因素，这些因素对建筑设计产生不可忽视的作用和影响。因此，当代建筑师亟待解决的问题远比单体建筑物更加综合和复杂，建筑师需要以更加广阔的视野去思考建筑创作。让·努韦尔认为，"对于一个建筑来说，它更像是在文脉中生长并且代表所处的地点与时代，建筑语言必须从许多其他方面得出，这些方面包括文化、社会、其他媒体等，但就不是建筑本身。"[13] 让·努韦尔从多种脉络角度出发，深入探寻建筑设计所蕴含的内在机制，不断地尝试运用现代技术演绎独特的建筑形式，创作出许多别具一格的建筑作品。

注释：

[1] 孟凡强．思想政治工作研究．2008，11：35~37

[2] http://villa.focus.cn/showarticle/1331/551620.html

[3] http://static.chinavisual.com/storage/contents/2006/10/15/11412T20061015095922_1.shtml

[4] 史章．巴黎市长谈巴黎．世界建筑．1981，3：60~63

[5] Jean Nouvel.Torre Agbar.http://www.jeannouvel.com./

[6] 康威·劳埃德·摩根著．白颖译．让·努韦尔：建筑的元素．中国建筑工业出版社．2004：232，97，100，129，25，91，27

[7] 联合国教科文组织·保护世界文化自然遗产公约．1972，11：16

[8] http://web.xwwb.com/wb2008/wb2008news.php?db=2&thisid=4658

[9] http://www.buildcc.com/html/96/21496-237170.html

[10] http://chinaasc.org/html/80/23580−21080.html

[11] http://news.sohu.com/20080409/n256183696.shtml

[12] 支文军，王佳．时代建筑．2007,6：118~124

[13] 周祥，邓燕嫦．功夫在建筑外．中外建筑.2001,2：29~31

[14] http://www.szjs.com.cn/htmls/200806/42150.html

[15] Whitman, Walt.Leaves of Grass.Airmont Publishing Company,Inc.1965

[16] 吕舟．法国现代建筑回顾．世界建筑.1996,1：77~79

[17] 沈福煦．“精神的物化”（六）空间塑造人，人的自我的表述——空间对人的作用新论．室内设计与装修.2000，1:75

[18] Robert Jensen.Ornamentalism in Architecture & Design. Clarkson N.lnc Publishers. 1984：20~47

[19] 崔世昌．现代建筑与民族文化．天津大学出版社.2001,1：16

[20] 福尔波地材中国代表处市场部．对话努韦尔凯布朗利博物馆．室内设计与装修.2008，2：60

[21] J.J.德卢西奥 · 迈耶著．李玮、周水涛译．视觉美学．上海人民美术出版社.1994，5

[22] 张钦楠．全球化时代的职业精神．面向21世纪的建筑学．国际建协第20届世界建筑师大会．北京.1999:55~57

[23] C.P.斯诺. 两种文化. 陈克艰，秦小虎译. 上海：上海科学技术出版社.2003:2，59

[24] 大师系列丛书编辑部. 让 · 努韦尔的作品与思想. 北京：中国电力出版社.2006：21,24，30

[25] Ateliers Jean Nouvel. 叶绿素．波斯湾的亚特兰蒂斯城阿布扎比古典艺术博物馆．缤纷家居.2008，2

[26] 阿贸. 圣安镇社会住宅. 世界建筑.1992，3：36~37

第二章　技术理性与艺术浪漫的融合

“建筑一词英语为 architecture，来自拉丁语 architectura，可理解为关于建筑物的技术和艺术的系统知识，我们称之为建筑学”，这是《中国土木建筑百科辞典》（建筑卷）对建筑学的词条所作的阐述。从这句话可以得知，建筑学的发展始终伴随着技术与艺术的和谐共处。在理论上，经典的建筑理论，如维特鲁威（Marcus Vitruvius Pollio）的《建筑十书》、阿尔伯蒂（Leon Battista Alberti）的《论建筑》、帕拉第奥（A.Palladio）的《建筑四书》等都是以“实用、坚固、美观”作为建筑的三个基本要素，其实质是强调建筑技术与艺术的有机统一。在实践上，在工业革命之前，建筑师通常都扮演着工程师和艺术家的双重角色。尤其是自 20 世纪后半叶以来，建筑学的外延已扩大到了人类聚居、城市、社会、自然、经济、哲学、科技、文化、美学等多方面，技术与艺术的高度融合更是成为新时代日益凸显的热门话题。

现代技术的进步和革新带来了生产力的变革，从而推动着建筑进入新的发展阶段，同时也带来了意识形态领域内建筑艺术思潮的涌动和发展。这种技术与艺术、理性与感性、现实与虚拟的多元共生和相互交融，为建筑创作提供了更为广阔的空间，也不断地拓展了建筑设计领域的创新。建筑技术从一种建筑的技术保障手段转化为一种建筑的艺术表现手段，成为建筑师建筑创意的源泉和抒发情感的媒介。在让 · 努韦尔的建筑创作过程中，技术不只是一种建造方法，更重要的是通过技术传达一种诗意和情感。许多评论家将让 · 努韦尔的建筑作品划归为高技派风格，而实际上他的设计风格比具有高技派风格的英国同行们显得更温和，更富有诗意。正如建筑大师密斯 · 凡 · 德 · 罗所说，“当技术实现了它的真正使命，它就升华为建筑艺术。建筑依赖于自己的时代，它是时代内在结构的结晶，显示出时代的面貌，这就是技术与建筑紧密结合的原因。”[1]让 · 努韦尔在其建筑创作的实践中，始终一贯地坚持技术理性与艺术浪漫相融合的思想理念，设计出具有时代意义的、能够实现“诗意栖息”的建筑作品。

一、建筑技术的情感诉求

经数千年的积累，科学技术在近百年来释放了空前的能量。技术的进步推动了现代建筑的产生和发展，新材料、新结构和新设备的应用创造了 20 世纪以来特有的建筑形式。纵观当代西方建筑，虽然风格流派多种多样，因时因地因人而异，然而这些当代建筑有着共同的特点就是对技术的情感化应用。同以往的建筑相比，技术是一种理性行为，但技术的进步从思想深处影响了人们对于技术的审美态度。现代美学家苏珊 · 朗格（Susanne K. Langer）认为，“艺术，是人类情感的符号形式的创造。”[2]对于让 · 努韦尔而言，技术应该传达一种情感，或者作为一种象征标志。在他的建筑作品中，内在情感的表现是至关重要的因素。让 · 努韦尔将高技术与高情感相结合进行建筑创作，他不仅关注建筑的外在表现形式，还深入探索建筑内在的审美意识和精神本源。法兰西人豪迈、自由的精神在让 · 努韦尔的身上体现得淋漓尽致。

1. 理性和秩序的魅力

让 · 努韦尔在进行建筑设计构思时，非常重视建筑群体之间的整体协调以及建筑与自然环境共生的关系。让 · 努韦尔曾说，“设计理念是基于设计任务的要求而被特别挑选的……这是相互作用、相互关联的秩序，是感觉的深化与复杂化的秩序，是感官的秩序，也是细腻的秩序。这是如何最好地利用与设计任务的条件、实际的条件以及人的条件相联系的特殊性的方法，是寻找可能性的极限方法。”[3]一直以来，让 · 努韦尔所追求的是相对的、整体的协调美以及和谐的秩序。难能可贵的是他对秩序理性的追求并无呆板简单之意，而是体现出耐人寻味的诗意魅力。

让·努韦尔在1993年设计的法国南特法院大楼是一座外形规整、布局严谨且简洁精美的建筑。该建筑是让·努韦尔以在建筑设计中建立一种理性的秩序而打破法院建筑的传统设计手法的一次新的尝试。南特法院采用8.1米×8.1米的模数制把空间与结构形式完美地结合在一起，造型清晰明确、空间稳重均衡，展现出理性的结构逻辑和极强的秩序感（图2–1～图2–4）。让·努韦尔曾说，"一个严谨的结构同网格、透明、反射等形式词汇一起作为司法必需的公正和开放的环境背景。"[4] 在空间序列的设计上，让·努韦尔充分考虑到了人的心理感受和行为特征，

图2–1
南特法院主入口

图2–2
南特法院西南外观

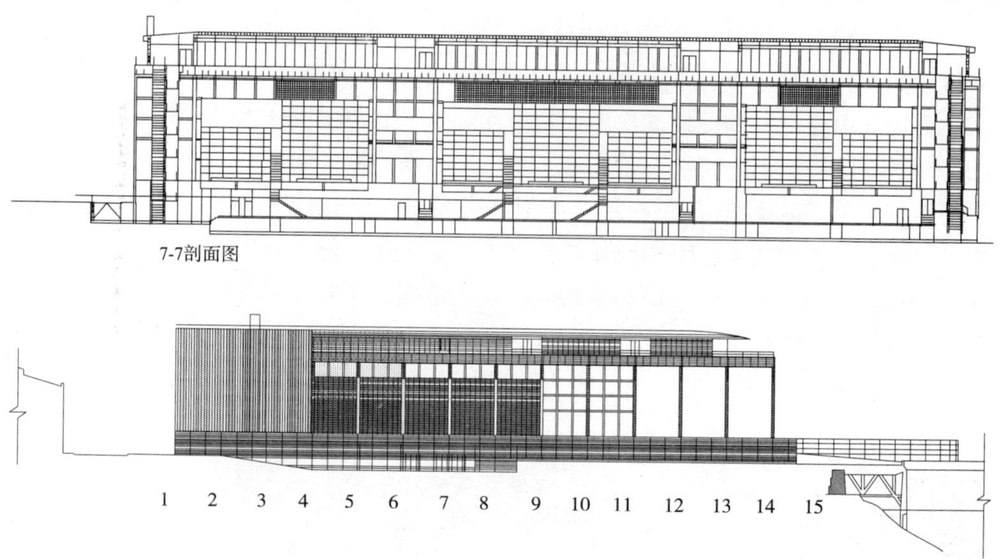

图 2-3
南特法院剖面（上）
图 2-4
南特法院东立面（下）

建筑由北向南、由外及内布置了入口广场——门廊、门厅——三间独立的大法庭、四间小法庭和若干辅助用房：入口设在建筑的北侧，市民从市中心经过跨卢瓦尔（Loire）河的步行桥，随着上坡的入口广场可到达 12m 高、由细方柱支撑的宽敞的门廊。因此，整座建筑体现了建筑功能空间从开放性到封闭性，从公共性到私密性的过渡。此外，通过特定的流线处理，建筑空间被赋予了公开性和严肃性：建筑面向开敞的滨河景观，高耸的室内大厅与宽敞的室外入口广场被覆盖在轻盈的屋顶下，而且通透的玻璃墙体加强了建筑室内外视线的联系，表达了法院的公开性；同时，法官们的法庭工作室被容纳在封闭的盒中盒内，暗示了法律工作的严肃性。通过南特法院的设计，可以看出让 · 努韦尔以现代结构技术诠释了一个严谨、理性、公正的法院。

俄国戏剧家安东 · 巴甫洛维奇 · 契诃夫（Anton Chekov）曾说过，如果戏剧第一幕里有把枪挂在墙上的情节，那么最后一幕一定得射击。这说明戏剧艺术中蕴含着一定的逻辑关系。同样，建筑设计也有一定的逻辑秩序可循，恰当地建立和谐统一的逻辑秩序是让 · 努韦尔进行建筑设计的核心工作。如让 · 努韦尔在 1994 年设计的“勒 · 柯布西耶街区”（Euralille）集中体现了这一思想。这是一个位于法国东北部城市里尔的一个以住宅街区命名的，集办公、商业与住宅于一体的大型项目。由雷姆 · 库哈斯（Rem Koohaas）起草整个街区规划并委托让 · 努韦尔负责部分设计。作为新里尔的商业中心，这座建筑的底层入口连接着附近的火车站。让 · 努韦尔将两层的商店、两个商业学校、两个运动中心和一个文化中心连接起来，使它们连同通往 5 个高层塔楼的通道统一在一个面积超过了 4 万平方米，由沥青屋面和网眼式金属格栅构成的巨大屋顶下面。塔楼从屋顶沿建筑物上升的趋势升起，一个巨大的、倾斜的屋顶确立了各个建筑单体之间的逻辑秩序关系（图 2–5 ~ 图 2–7）。建筑立面的大片玻璃上是色

图 2–5
里尔综合体总平面（上）
图 2–6
里尔综合体剖面（下）

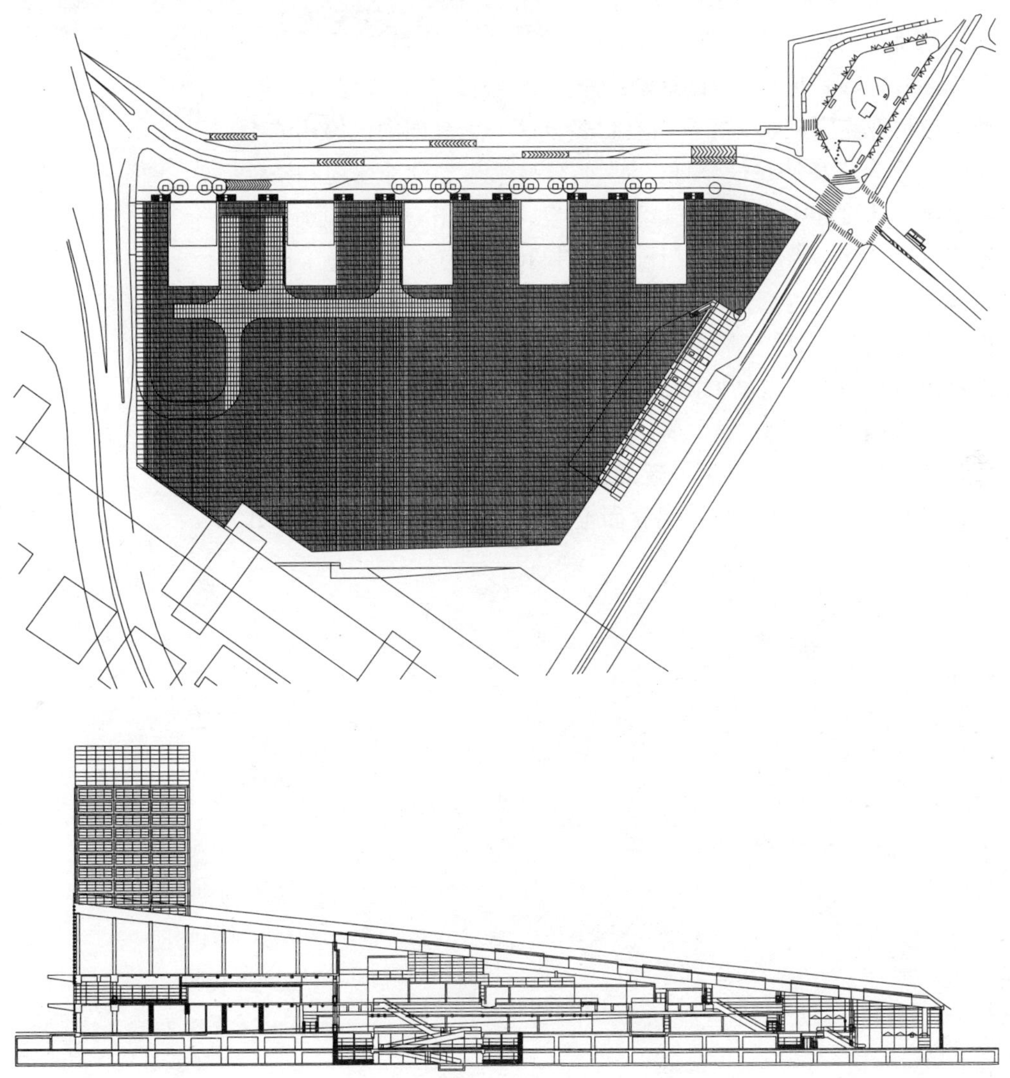

彩缤纷的图案，使得透过玻璃窗进入室内的光线也是彩色的。这座建筑是有节奏、有秩序的，透明的大片玻璃、闪烁的灯光、明亮色彩的商店招牌……交织在一起，繁杂而不凌乱。这说明让·努韦尔在处理空间次序上的收缩和膨胀的关系方面技高一筹。

图 2-7
里尔综合体外观

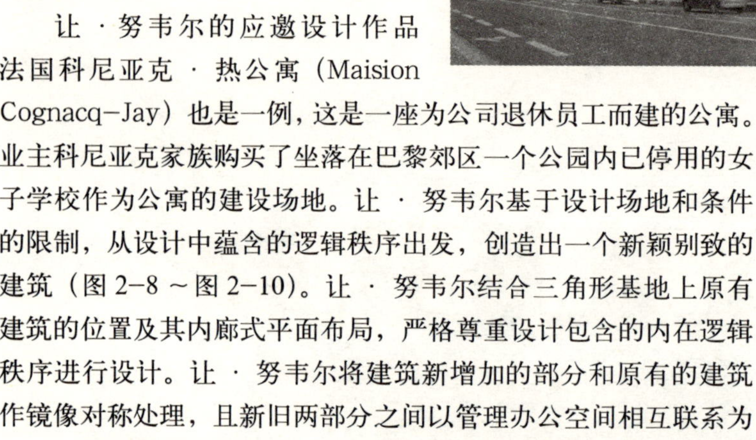

让·努韦尔的应邀设计作品法国科尼亚克·热公寓（Maision Cognacq-Jay）也是一例，这是一座为公司退休员工而建的公寓。业主科尼亚克家族购买了坐落在巴黎郊区一个公园内已停用的女子学校作为公寓的建设场地。让·努韦尔基于设计场地和条件的限制，从设计中蕴含的逻辑秩序出发，创造出一个新颖别致的建筑（图 2-8 ~ 图 2-10）。让·努韦尔结合三角形基地上原有建筑的位置及其内廊式平面布局，严格尊重设计包含的内在逻辑秩序进行设计。让·努韦尔将建筑新增加的部分和原有的建筑作镜像对称处理，且新旧两部分之间以管理办公空间相互联系为一体，因而建筑呈 H 形布局。新旧建筑在屋顶和楼面高度、走廊和开窗形式的设计上是一致的，形成了秩序上的呼应和延续。让·努韦尔还在建筑的外部立面上做了创新处理，他给整个建

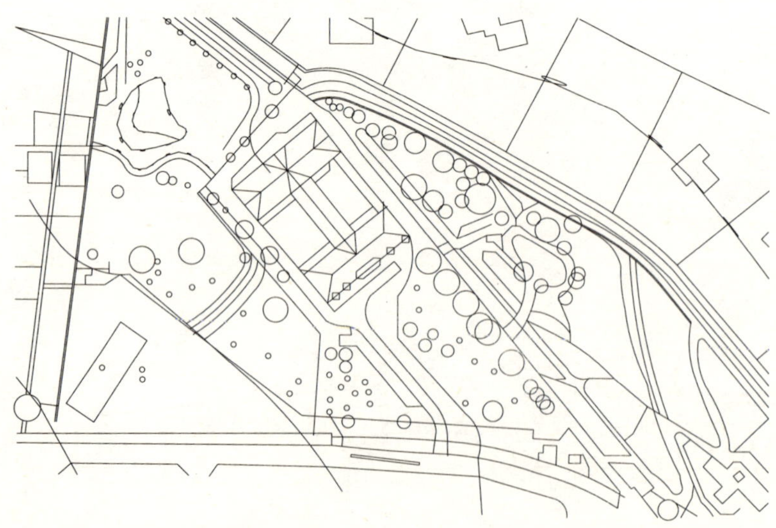

图 2-8
科尼亚克·热公寓总平面

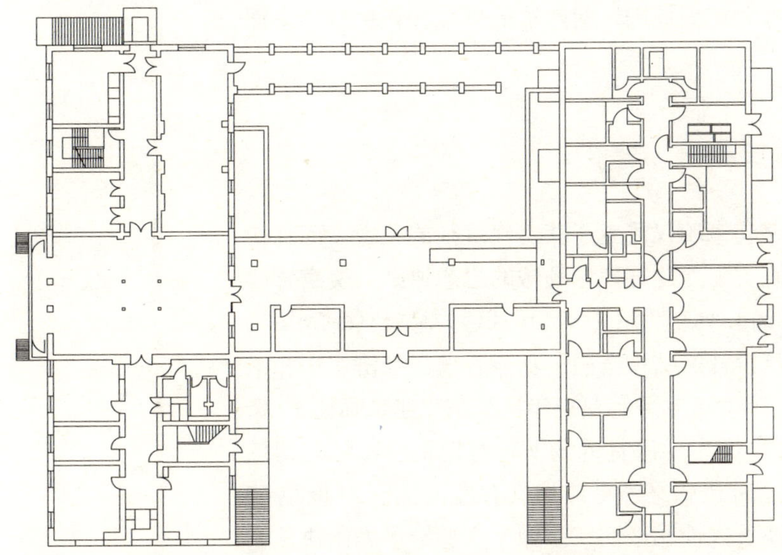

图 2–9
科尼亚克 · 热公寓
平面

图 2–10
科尼亚克 · 热公寓
外观

筑罩上了一层玻璃材质的透明表皮。从这项设计中，我们领略到让 · 努韦尔客观理性地对待建筑设计，试图通过建立恰当的逻辑秩序来表现建筑意义的设计策略。

通过以上分析，可以看出让 · 努韦尔试图通过建筑设计生动有序地定义我们生活的环境。让 · 努韦尔的建筑设计不是无中生有，而是根植于既有环境空间的秩序和逻辑而作出恰当的判断，他的建筑设计因而富有理性和秩序的魅力。面对当代消费社会中一些城市混杂和建筑纷乱堆积的现象，让 · 努韦尔坚持结合建筑学的技术原理和审美原则，对建筑的环境和秩序作出全面认知与理性决策。

2. 感知的愉悦与诗意

普利茨克建筑奖奖章不仅代表了获奖建筑师的荣誉，而且指出两千多年以来一直支配着建筑理论领域的思想原则：奖章背面的边缘刻着坚固（firmness）、适用（commodity）、愉悦（delight），这一精神涵盖了建筑设计的结构坚固、功能合理、经济实用和审美愉悦的基本要求。[5]2008 年普利茨克建筑奖获奖建筑师让 · 努韦尔曾说，“我们需要有生动感觉的场所，有记忆、回忆与情感的场所……建筑除了时代感之外更应该具有发展性。20 世纪 60 年代前的现代建筑缺乏人性和亲切感。如今能够给予人们快乐才是建筑最重要的本质。”[6] 对让 · 努韦尔而言，建筑必须激起感觉的愉悦并表现当前社会的价值，而且建筑设计中感觉愉悦的创造离不开技术。因为无论建筑美感多么飘渺，多么难以捉摸，它总是不能脱离恰当地使用材料和结构而独立存在的。

2002 年 2 月，让 · 努韦尔为美国明尼阿波利斯市设计了格思里剧院（Guthrie Theater）方案，这是他在美国设计实施的第一项大型综合性建筑工程。建筑位于密西西比河岸中心商业区中，总面积为 2.1 万平方米，耗资 1.25 亿美元。该建筑主要包括拥有嵌入式的舞台的 1100 座剧场、700 座剧场和 250 座实验剧场。建筑造型与周围的历史建筑互相融合，一条跨度达 42.7 米的悬臂桥一直延伸到河岸上，具有机器美学的特征（图 2–11，图 2–12）。明尼苏达大学建筑学院院长托马斯 · 菲舍尔认为剧

图 2–11
格思里剧院夜景（左）
图 2–12
格思里剧院立面细部（右）

院的设计是有创新性的，他曾说，“它将名扬世界，它是努韦尔的一个非常有力量的作品。我认为它将为我们所设想的剧院带来巨大的影响。”[7]这座建筑取代了位于沃可（Walker）艺术中心旁的原格思里剧院，为地段增添了一道引人入胜的景观。让·努韦尔以高技术为手段，追求在建筑外形上强烈的感官刺激，通过引起视觉快感给人以审美感受。正如古典美学家黑格尔所说，“美，是理念的感情显现，是心灵的东西从感性的东西中显现出来，并使两者融合成一体。”[8]让·努韦尔把建筑当作可触、可知实体的舞台，他的多数建筑作品中洋溢着浪漫的诗意，形成理性与浪漫的交织。

图 2–13
太阳塔公寓剖面（上）
图 2–14
太阳塔公寓室内细部（下）

在一系列对建筑空间的感知中，情感的交流是一个复杂的过程。视觉环境的各种因素都对建筑空间的感受起着重要的作用，在精神上和情感上引发人们的联想和共鸣。让·努韦尔大胆地使用新技术，应用钢、铝板、玻璃等现代材料创造出丰富的建筑造型。让·努韦尔设计的美国洛杉矶世纪城（Century City）地区的太阳塔公寓楼就是一例。这个项目建于临近圣莫尼卡大街（Santa Monica Boulevard）的一个 40000 平方英尺的花园地段环境之中，是一座 45 层，高 600 英尺、长 325 英尺、宽仅 50 英尺的玻璃大厦。每一层楼都有种植植物的阳台环绕，塔楼俨然是矗立在一幅伸展开的绿色花园地毯上的“绿色叶子”，给人带来无尽的联想（图 2–13，图 2–14）。这幢公寓楼共容纳 177 套房间，薄片式的形体设计能够保证每个单元采光充足，实现自然通风，进而达到节约能源的目的。正如让·努韦尔所说，“21 世纪的现代建筑应当是在特定的时间和特定的地点对生活艺术的诠释。”[9]在此，让·努韦尔创造了在阳光下熠熠生辉且在视觉上充满张力的建筑艺术作品，体

现了信息时代建筑技术进步所带来的美感。

此外，让 · 努韦尔在2007年设计的新作美国纽约威尔大厦(Tour de Verre) 也表达了他对建筑的情感愉悦与时代意义的追求和探索精神（图2–15～图2–17)。评委会曾这样评价：让 · 努韦尔“以丰富的想象力、大胆的设计感及无止境的追求，创造了大量独具魅力的建筑。”[10] 威尔大厦建于纽约市中心53街至54街之间的17000平方英尺的地段上,与纽约现代艺术博物馆相毗邻,75层,高约351米。这个设计方案曾因超前的有角设计，以及它超过克莱斯勒大厦(高1046英尺)的高度,一度遭到曼哈顿人的坚决反对。不过，最终方案以其诗意的造型和艺术的创新得以建造。法语的Verre意为玻璃，威尔大厦的外立面是用玻璃表皮把类似于传统伊斯兰式图案的钢质斜肋构架包裹起来，产生了很强的视觉冲击力。建筑的二至五层容纳了50000平方英尺的画廊，将作为纽约现代艺术馆扩建的一部分，上面几层容纳了一个100个房间的七星级酒店和120间规模的八星级豪华公寓。建筑形态设计最大限度地遵照城市分区条例，越往上建筑的轮廓越狭窄，塔尖明亮透彻。因而，这座建筑将成为构成新时代纽约天际线的最激动人心的景观之一。汉斯（Hines）国际房地产公司主席杰拉德 · 汉斯(Gerald D.Hines) 认为，“让 · 努韦尔的令人激动的设计理念具有成为国际建筑设计偶像的潜力。”[11] 这座建筑融文化和商业空间于一体，进一步说明了让 · 努韦尔平衡和协调城市各因素的综合能力。让 · 努韦尔勇于突破传统设计的既定原则，大胆地探索令人兴奋和愉悦的建筑作品。

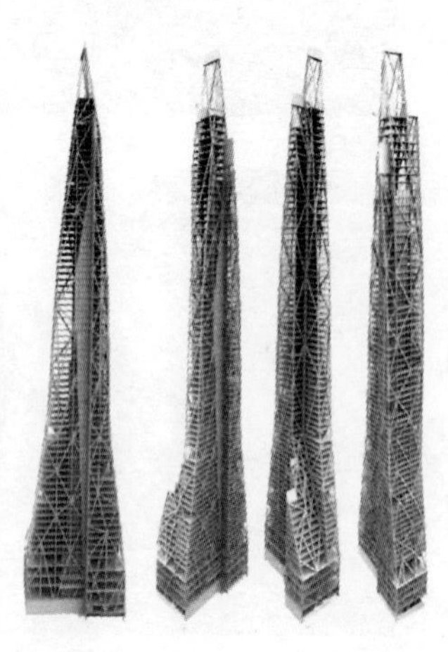

图2–15
纽约威尔大厦外观（左）
图2–16
威尔大厦模型（中）
图2–17
威尔大厦3D模型（右）

通过以上的分析可以看出，现代技术的进步推动了现代建筑的产生和发展，技术是推动建筑设计创新的动力。让·努韦尔常常应用现代材料与技术制造并传达建筑中感觉的愉悦和诗意，这并不是简单的建筑技术情感诉求，而是建立在真善美基础之上的。让·努韦尔在满足实用、经济、美观的基础上，着力深入地挖掘建筑中所蕴含的人文主义精神，这体现了他对于科技突飞猛进而带来的人文关怀缺失这一社会现象所持的独到性见解。

3. 虚幻与现实的交流

让·努韦尔的建筑是神秘的、善变的、虚幻的。让·努韦尔能够通过建筑把时空变幻与城市图景融合起来，这展现了他作为一名建筑师对当代社会文化变异的释译。现代技术的进步使得基于视觉因素或是影像因素的图像文化占据了社会文化的主导地位。让·努韦尔的建筑作品往往表现的是一种图示的空间结构，这不可避免地会留下许多不确定的特性和空白，需要使用者和观赏者加以理解和补充。让·努韦尔对建筑的表述不是简单地追求技术表现主义的外观形式，而是注重建筑对人的思想精神的召唤。这使得他的建筑作品体现了一种物质与精神、虚幻与现实的情感交流，人们在联想的过程中对他的建筑产生了情感化的再塑造。

以让·努韦尔设计，于1994年建成的作品法国巴黎卡蒂尔基金会现代艺术中心（Foundation Cartier for contemporary art）为例，可以看出这座建筑与周围环境融为一体，形成了虚幻和现实交流的空间，避免了以往建筑带给人们的呆板、冷漠之感。首先，让·努韦尔在方案中设计出了三道个性化的、相互平行的墙面。这些墙面横穿基地，均由很薄、很轻且透明的玻璃及钢桁条构成。从平面图中可以清晰地看到三条平行线，其中一条平行线因应巴黎建筑的规定紧贴建筑红线而立，另外两条则将主体建筑包围起来。因此，整座建筑物看起来就像是层层包裹的玻璃屋。其次，让·努韦尔使用对称的方式来种树，制造出亦真亦幻的空间效果。观者可以透过第一道玻璃墙看到树，但其实这棵树是种在第二或第三道玻璃墙后的，因此观者看到树时会产生不知哪一棵才是真的，令人捉摸不定。此外，映照在玻璃墙上的天空让人感觉整座建筑好像是透明的。楼梯的设置也是独具匠心，

让 · 努韦尔没有在室内设楼梯，建筑也因此拥有自由的室内平面。而在室外，精细的铝质楼梯虚幻地钩挂在东立面上。又因为那两条平行的玻璃墙比主体建筑还长，从外面看就好像将楼梯包裹起来一样，使观者感觉好像在室内又好像在室外（图 2-18 ~图 2-21）。一楼的艺术展览空间的设计是新颖别致的，高 8 米，外墙设计成弹性可移动的玻璃外墙，供展览单位自由使用。如果需

Street facade

Side elevation

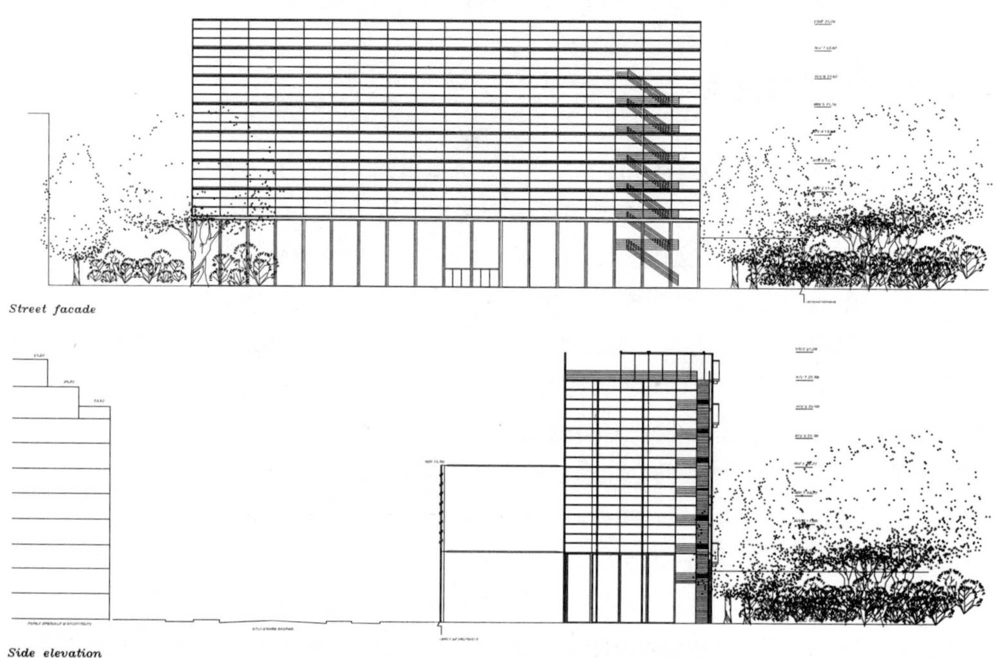

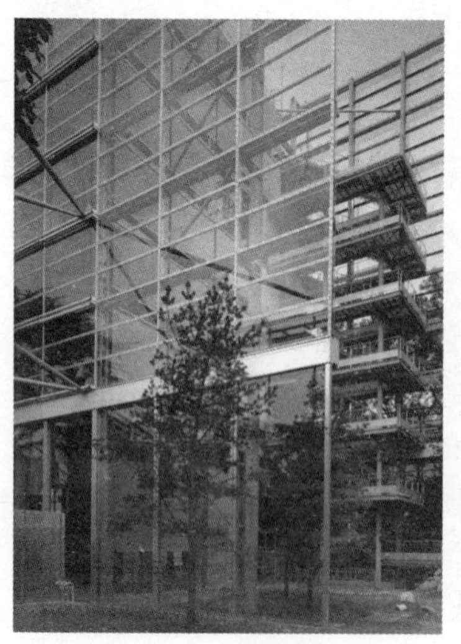

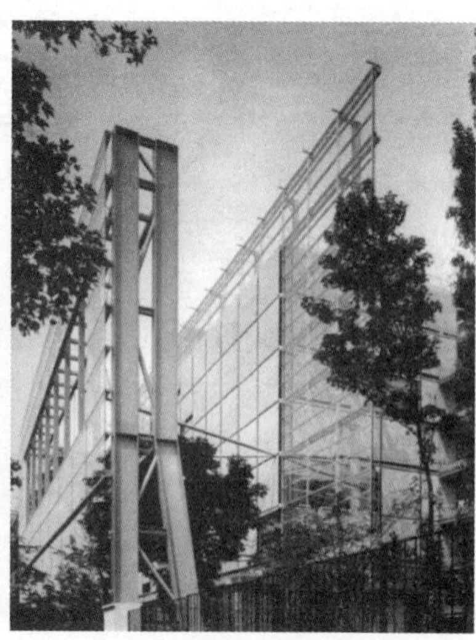

图 2-18
卡蒂尔基金会现代艺术中心沿街立面（上）
图 2-19
卡蒂尔基金会现代艺术中心侧立面（下）

图 2-20
现代艺术中心南部局部外观（左）
图 2-21
现代艺术中心玻璃墙的空间效果（右）

要开放性的展示空间，可将玻璃外墙向两侧推开；如果需要私密性的展示空间，可在玻璃外墙内侧拉下遮阳幕。由此看出，让 · 努韦尔在这座建筑的设计上充分体现了虚拟与真实之间的转换和交流。在这里，让 · 努韦尔利用新技术、新材料创造出一个变幻莫测的世界。建筑自身客观地存在着相对的虚与实两种状态，二者是相辅相成、对立统一的，不宜把它们绝对化或截然分开。

东京歌剧院（Tokyo Opera House）是让 · 努韦尔在1986年参加国际竞赛的参赛作品。在这个方案中，让 · 努韦尔利用类比、幻觉、记忆等元素来进行设计。这座歌剧院体现的是一种虚幻与现实、物质本身与它的映像之间的交互关系。设计大师菲利普 · 斯塔克（Philippe Starck）认为“东京歌剧院像一只巨鲸，也像一座由于充满能量而变形的巨型纪念碑”。[6]让 · 努韦尔从虚与实两个方面入手，切实地把握了建筑与空间、人与环境之间的整体关系。这座歌剧院从外形上看是黑色光亮的整体，像一面反映着现实与虚幻的黑色镜子。建筑内部的入口通道采用黑灰色花岗石铺砌，参观者穿过两面有强烈光线的走廊来到大厅，这两面墙会使人们感到自己被从一个地方传送到了另一个地方，同时也突出了没有厚度概念的墙体的虚无感。主厅是四面由黑色磨光花岗石墙围合的黑色大厅，建筑中穿过三层楼面的楼梯和自动扶梯的设置增添了动态变化的景观。此外，建筑内部还设有三座金色剧院空间（图 2–22 ~ 图 2–24）。

图 2–22
东京歌剧院一层平面

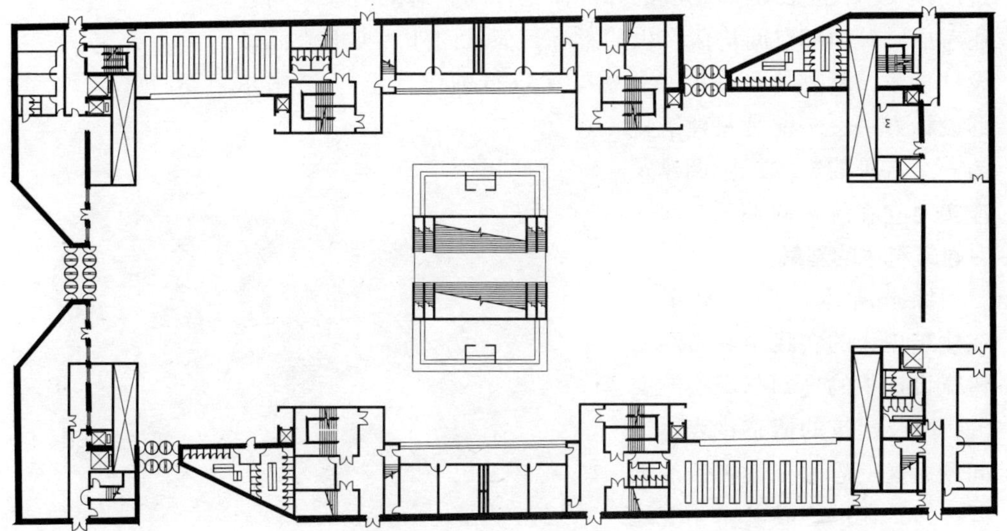

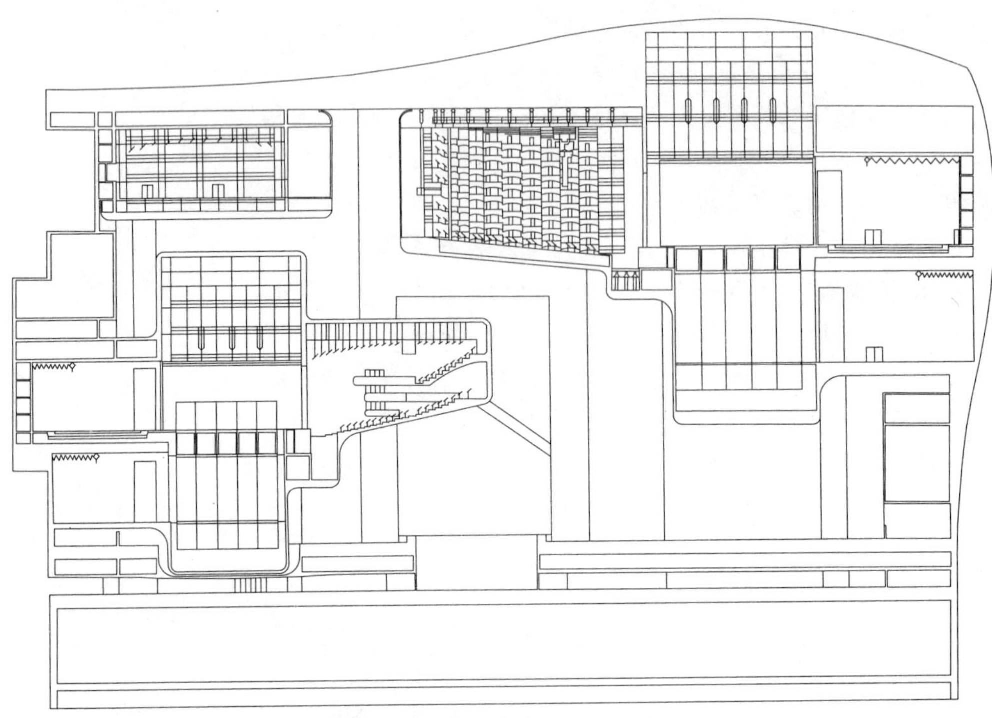

图 2-23
东京歌剧院剖面

整座歌剧院在昏暗的空间中闪烁着金色的光，使人们感到它是一个神秘的、不可思议的物体。由此看出，让·努韦尔在建筑创作中不仅把由墙面构成的外部体量作为构思的对象，而且还考虑它对内部空间构成产生的影响。他从内外两方面来满足设计要求，从整体环境的总体需要去进行创作。让·努韦尔的设计方法之一就是将建筑视为一个有机的整体，协调建筑虚实对立和统一的关系，深入对建筑整体的理解。

图 2-24
东京歌剧院方案模型

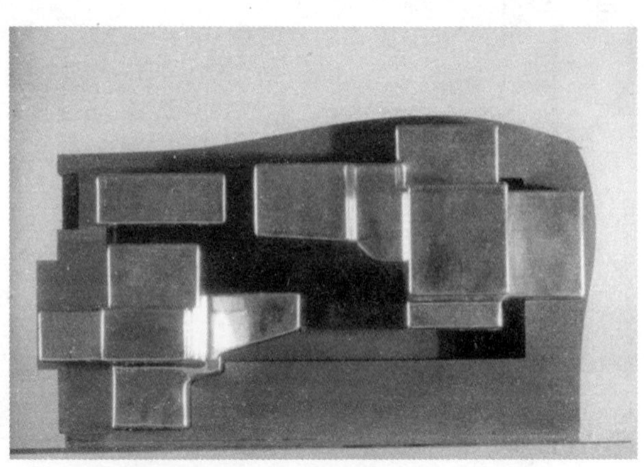

综上所述，让·努韦尔在建筑创作的实践中非常注重建筑设计中的虚幻与现实的交流，以及建筑的情感化表达的问题。这一思想有其特殊的渊源：1968 年的巴黎美术学院建

筑专业处于边缘状况，教让 · 努韦尔的老师也是边缘人。一个是以圣像为创作主题的艺术家、建筑家克劳德 · 帕朗（Claude Parent），另一个是由哲学家改行的建筑家保罗 · 维里略（Paul Virilio）。年轻时代濡染的哲学和神学思维，使让 · 努韦尔日后的建筑设计相当另类。[12] 让 · 努韦尔对技术感性的领悟和追求受其很大的影响。而且让 · 努韦尔具有独特的创作思维和个性化的工作方式，好像是要和这个社会快速、老套的工作节奏和风格区别开来，让 · 努韦尔的工作方式也像他的建筑一样随心所欲。他说他很多的设计都是在床上或者是在餐桌旁想起来的。[13] 正因为这样，他能设计出那些介于真实与想象之间的建筑也不难理解了。让 · 努韦尔的建筑作品之所以引人入胜，其原因之一就是建筑在虚幻和现实之间徘徊，丰富人们的情感诉求，创造出令人产生遐想的空间。

二、建筑艺术的浪漫神韵

建筑作为一门艺术，与绘画、电影等艺术有着相似之处；同时建筑是一门实用艺术，它同时涵盖技术和艺术两个方面，二者不可偏颇。让 · 努韦尔的建筑创作往往离不开从绘画、电影等艺术门类中汲取先进的创作思想，获得一定的启发。同时，让 · 努韦尔也善于把高科技作为一种设计手段，而且把它作为建筑艺术创作的素材，为建筑的功能、空间、造型注入新的活力。将艺术与技术相结合，深入挖掘建筑艺术的浪漫神韵，为让 · 努韦尔的建筑创作开辟了一条新的途径。

1. 建筑与电影之情结

建筑与电影有着不解之缘，很多知名的建筑师都有着广泛接触电影、广告、传媒等艺术的经历，如让 · 努韦尔、雷姆 · 库哈斯等等。但是很少有建筑师像让 · 努韦尔这样将电影贯穿于建筑设计过程始终的。对于让 · 努韦尔来说，建筑设计从开始构思到施工完成更像是一部电影的形成（见表 2-1）。

让 · 努韦尔对电影与建筑关联的诠释 [14]　　表 2-1

关联内容	电影	建筑
主体	电影导演	建筑师
客体	电影剧本	建筑作品
信息媒介	电影的画面是一个媒介，是可以从许多层次上理解的信息载体	建筑是一个符号的系统，从电影媒体等许多方面可以获得建筑语言
光的作用	光是电影艺术语言的重要元素之一，其表现形式丰富多彩	建筑同电影一样都依赖光的表现。光成为一种建筑材料
欣赏方式	有很多方式来欣赏一个电影——它的美学，它的动感，它对颜色以及语言的使用，它的叙述性的结构，它的个性等等	让・努韦尔有很多方式来欣赏一栋建筑。他的建筑作品是在不同的甚至对立的假定和情形之间求得一个综合的平衡
建立团队	一个电影导演要选择照明师、艺术指导以及电影编辑	让・努韦尔总是召集一队专家来共同完成一个项目：这些专家包括与工程实践相关的人员、伙伴以及朋友、建筑评论家以及出版家等等
个性追求	电影导演把电影变成一个特殊的剧本，他会不断修改他的剧本，追求和完善个人设计风格	让・努韦尔会把原始的东西作为一个参考点，进而在建筑设计过程中逐渐地修改。他力求创造个性化建筑并且为它的质量、它的形式及价值负责

让 · 努韦尔擅长用电影的方法进行建筑创作，他喜欢变化的、运动的景观。从某种意义上说，建筑是一种时间的艺术，它需要通过光和影像设计得以实现。康威 · 劳埃德 · 摩根曾这样评价："多场景的构图、持久和顺序，对比和光线的处理，速度和运动的感觉——电影中能发现的品质——同样可以在让 · 努韦尔建筑的静止状态中找到。" [4] 如让 · 努韦尔设计的哥本哈根音乐厅 (Symphony Hall Copenhagen) 就是一例 (图 2-25 ~ 图 2-27)。这座音乐厅 45 米高，呈长方形体量，外立面表皮被透明的玻璃幕墙包裹。随着时间和光线的变化，建筑呈现出不同的面貌。在白天，室内空间在透明的建筑外墙面上若隐若现；在夜间，建筑的表皮上投射出变幻的光影和影像。整个建筑传达的是一种充满幻象的影像艺术。

在电影艺术中，常常提到蒙太奇的手法。可以说，蒙太奇是电影艺术的基础。在让 · 努韦尔的一些设计作品中，也可以感受到蒙太奇的艺术魅力。"蒙太奇"是法语 montage 的译音，本

图 2–25
哥本哈根音乐厅外观（左）
图 2–26
哥本哈根音乐厅室内（右）

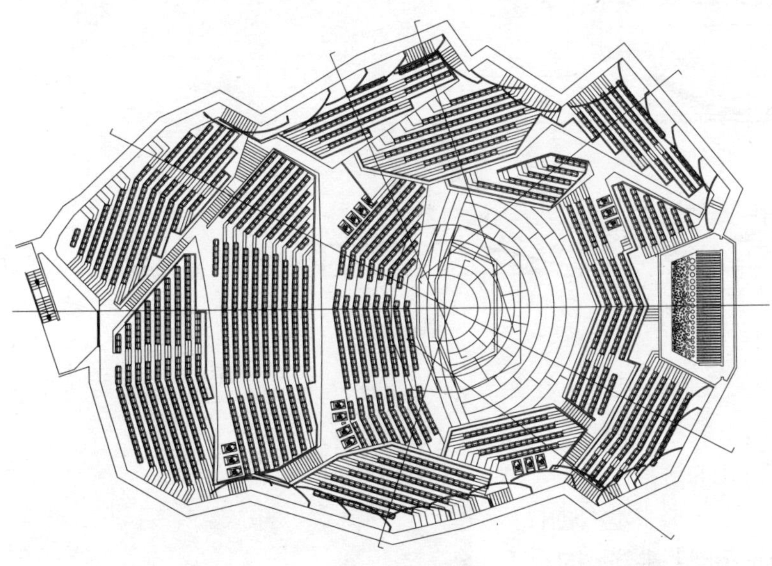

图 2–27
哥本哈根音乐厅平面

是法语中建筑学的词语，原意为构成、装配。[15] 它被引用到电影艺术里，意为镜头剪辑、组合。所以，蒙太奇可理解为电影导演将拍在胶片上的镜头及声音等组成影片的方法与技巧。电影蒙太奇包括影片画面、情节、空间和色彩等各方面的结构安排，以创造出吸引人的艺术效果。在卢森堡音乐厅的设计方案中，突出体现了让 · 努韦尔巧妙地利用光线，结合材料的特性，在建筑与电影之间建立紧密的联系。这座音乐厅采用了统一的浅灰色的不透明材料，透明的部分覆盖着玻璃，并在玻璃上用丝网印刷的方式渲染从不透明到透明的效果。让 · 努韦尔曾说，“4/5 不透明，剩余的 1/5 逐渐从不透明到完全透明。当你在它周围和内部移动时，它的样子就会发生变化。从外部的某个角度看过去好像是实体的一个转角，将会在视点变化时消失。在内部，墙与墙相交的整个概念将会因为交点的隐藏而发生变化。”[4] 在这个方案的设计中，让 · 努韦尔以一种全新的方式创造出建筑空间蒙太奇的艺术效果（图 2–28 ～图 2–30）。

图 2–28
卢森堡音乐厅模型

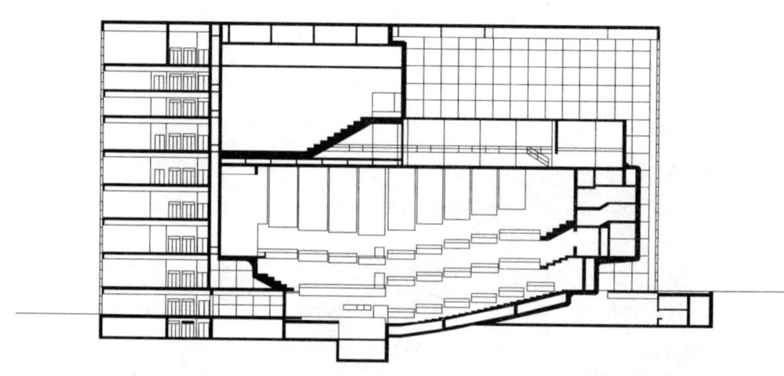

图 2–29
主音乐厅室内剖面

从上面的举例中，我们可以看出在如今这样一个视觉文化不断增加的新时代，引入电影电视以及信息化的语言对于今天的建筑来说是最合适的。让 · 努韦尔不局限于建筑学范畴，而是通过不同艺术领域的对话建立对建筑的新认识。让 · 努韦尔非常重视城市文脉与社会条件，并试图以一种电影情节的手法来解决城市与建筑的一系列问题。让 · 努韦尔借鉴电影的手法，以视觉的影像为媒介，成功地创造出极具表现力的建筑作品。

图 2–30
表现尺度和透明效果

2. 建筑与绘画之结合

让 · 努韦尔一直都非常热衷于绘画，他对绘画艺术具有很强的领悟力。他小时候的梦想是做一名画家，后来因为种种原因，转行改学建筑。但是，让·努韦尔对绘画艺术的兴趣有增无减。更重要的是，让·努韦尔往往从绘画艺术中汲取灵感，形成独特的艺术思维和建筑设计理念，从而能够在建筑与绘画之间建立起巧妙的联系，运用创新性的艺术思维去思考建筑。让·努韦尔打破传统"为设计而设计"的建筑创作方式，试图从绘画艺术中寻找一种新的方式来激发创作灵感。

建筑与绘画艺术有着千丝万缕的联系。让·努韦尔常常通过在建筑外表面玻璃上以丝网印刷图像方式，将建筑与绘画结合起来。1990年，让·努韦尔在捷克共和国布拉格斯米科夫（Schmikov）地区规划方案中就融入了绘画的艺术理念而进行了创新性的建筑创作。水彩画家的一种画法是将颜料呈点状撒在湿纸上，颜色则逐渐向外扩散，直到整张纸变成彩色的，这就是点彩派画家的创作方法。让·努韦尔在斯米科夫地区沿街建筑立面的设计中采用了这种方法，"在白色和灰色混凝土框架和上层玻璃窗的表面上，一连串的文字和图像将被以丝网印刷的方式单色地印在玻璃上：让·帕拉奇的诗、云的风景、巨大的天使图像，印在这个以半鼓形结束的建筑上"[16]（图2–31，图2–32）。此外，让·努韦尔在1991年设计的法国里尔（Euralille）综合体立面设计中，同样结合了绘画的艺术理念和手法。在购物中心和塔楼的外立面，一系列巨大的全息图像被丝网印刷在灰色的背景上，营造出一种很强的视觉冲击力（图2–33）。

绘画艺术离不开对颜色的选择、运用和组合，让·努韦尔的建筑设计也与绘画艺术的构图和用色密切相关。让·努韦尔设计的西班牙巴塞罗那艾格伯（Agbar）大厦2005年建成，堪称

图2–31
布拉格斯米科夫地区鸟瞰图（左）
图2–32
斯米科夫地区信息构架和老啤酒厂细部（右）

一座幻彩大楼。在外墙处理上，大厦外墙所用的波形铝板有红、橙、蓝等 15 种色彩。外侧铝板的色彩由深到浅、由地面的暖色到天空的冷色，变化丰富。这些色彩由阿兰 · 波里（Alain Boly）设计，他用深红、朱红、橙红、橙黄、天蓝、深蓝、白色、浅灰色等组成了一幅现代艺术的马赛克拼图。[17] 每块波形铝板均为正方形，与同样大小的 4400 个方形窗进行随机组合。嵌在拼图上的铝板和方窗随着时间的变化呈现出不同的色彩。这种排列方式不禁使我们想起蒙德里安的抽象派画作，用矩形色块和棋盘格式的线条，取得垂直和水平结构的动态平衡；纯粹的色彩使画面更加饱满。美国当代艺术史家 H.H. 阿纳森写到，“蒙德里安对 20 世纪艺术进程的影响，甚至可以超过毕加索，布拉克和马蒂斯……”[18] 形式与色彩的运用和处理是蒙德里安画面当中最基本的要素，他将一切物体的形式和色彩进行简化，还原到他所认为的那种本质的状态。蒙德里安的新造型主义抽象艺术和让 · 努韦尔的一些建筑作品中的形式和色彩构成有着相通之处。而且，让 · 努韦尔在建筑设计中还充分地考虑到技术的合理性因素。如上述看似随机设置的方形窗其实是充分考虑到自然采光和自然通风，同时还解决了为室内的办公空间提供城市取景画框的问题。独特的立面设计为这座大楼增添了前卫时尚的图像信息（图 2–34，图 2–35）。此外，让 · 努韦尔设计的纽约 11 大

图 2–33
里尔综合体立面丝网印刷

图 2–34
艾伯格大厦外立面

图 2–35
艾伯格大厦咖啡厅内景（左）
图 2–36
纽约 11 大街公寓（右）

街公寓也是一个建筑与绘画艺术相结合的代表作品（图 2–36）。这座公寓楼最醒目之处是犹如蒙德里安画作一般的玻璃幕墙，就像马赛克拼图一样绚烂夺目。这幢 23 层大楼使用的约 1700 片玻璃具有不同的颜色以及不同的安装角度，它们呈现相互变幻神秘的视觉效果。

让 · 努韦尔不仅将绘画的艺术创造力运用在建筑的外立面上，还把其引入到建筑室内装饰设计之中，创造出一种神秘的、梦幻般的艺术效果。例如在巴黎盖 · 布朗利博物馆的设计中，让 · 努韦尔邀请了 8 位澳大利亚土著艺术家为博物馆绘制建筑的部分墙壁和顶棚，使史前石窟壁画这一传统艺术形式在现代建筑中得以展现（图 2–37）。2006 年盖 · 布朗利博物馆建成，普利茨克建筑奖评审团曾这样评价："在巴黎的盖 · 布朗利博物馆——来自美洲、非洲、亚洲和大洋洲的一个本土艺术陈列橱窗——建筑师合并了墙壁和顶棚来自那些地域艺术家的装饰，形成一个用新的方式展示、理解在不同寻常空间的、粗粝的、非传统的建筑的陈列品。"[19]

图 2–37
布朗利图书馆内景

通过上述分析可以看出，让 · 努韦尔的建筑作品常常因体现出绘画艺术的神韵而具有强烈的艺术感染力。让 · 努韦尔从艺术创作的角度进行建筑设计，从而超越了单纯的建筑设计领域的局限。让 · 努韦尔酷爱电影、绘画等艺术，他常常从这些艺术中找出与建筑设计的关联与影响，形成独特的艺术思维和创新的设计理念。让 · 努韦尔运用独特的艺术表现手段，塑造出新颖的建筑形象，丰富了建筑设计的艺术气质和独特韵味。

三、技术文化潮流的引领

建筑创作的每一次质的飞跃总是伴随着技术领域的进步。科学技术是推动建筑创作发展的能动因素之一。在新世纪里，建筑师越来越注重在建筑作品中运用新材料、新结构和新技术。让 · 努韦尔非常重视技术在建筑设计中的杠杆作用，而且他还强调技术与艺术相结合，建筑与文化相结合。在让 · 努韦尔的建筑作品中，技术与艺术相辅相成，新颖的建筑形式体现了时代文化的特征。这些文化特征提升了技术在建筑创作中的地位和作用，使之成为引领技术文化潮流的重要砝码。

1. 工业文化特征

科学技术是第一生产力。技术是人类社会进步的标尺，也是建筑发展的阶梯。工业发展为艺术创新提供了前所未有的技术可能性，为建筑、技术和艺术在更高层次上的结合创造了条件。工业文化的兴起，工业技术的改进，为建筑师尝试创造新的建筑提供更多的有利条件。回溯历史，第一代机器美学始于 20 世纪 20 年代，这一时期人们出于经济适用的目的，试图把最新的工业技术应用到建筑中去以适应战后人们对住宅的大量需求。正如 1923 年，建筑大师勒 · 柯布西耶在他的《走向新建筑》一书中写道，“房屋是居住的机器”。这一时期以沉重、粗糙和尺度巨大为代表。随后的60年代末以来，一些高技派的建筑师采用新材料和新技术，讲求材料的真实和精确的节点，着意表现建筑的技术美感，我们称之为第二代机器美学。这一时期以轻盈、精致、细腻为特点。让 · 努韦尔力求应用新的建筑材料创造出一些令人耳目一新的建筑作品，技术上升到了美学的高度，体现了后工业文化的特征。

随着工业技术水平的日益提高，建筑构件趋向于最小化和机械化，建筑形象更加光亮、轻巧和精细。让 · 努韦尔设计的法国南特市国立科学技术情报中心（Institute for Scientific and Technical Information）就代表了这一倾向。这座建筑是法国政府主要的研究机构之一国立科学研究中心（CNRS）的一部分，1989 建成。让 · 努韦尔从工业建筑中获得设计构思，通过将多种规格的构件进行总装式的创作来完成的。这座建筑好比是一座工业车间，生产过程决定了建筑设计的形式和各空间单元在整个体量中的相对位置。中央的储存单元通过一个走廊与主入口相连接，微缩图形建筑与数据库建筑被填塞在走廊的一侧，而另一侧则是社会研究设施。微缩图形建筑上方布置管理办公室。中央的储存单元类似于硬盘，数据库建筑好比 CPU，微缩图形建筑类似 SIMS。在让 · 努韦尔的精心安排下，整个建筑成为一个大型的工业产品（图 2−38 ~ 图 2−40）。此外，这座建筑主要使用钢、

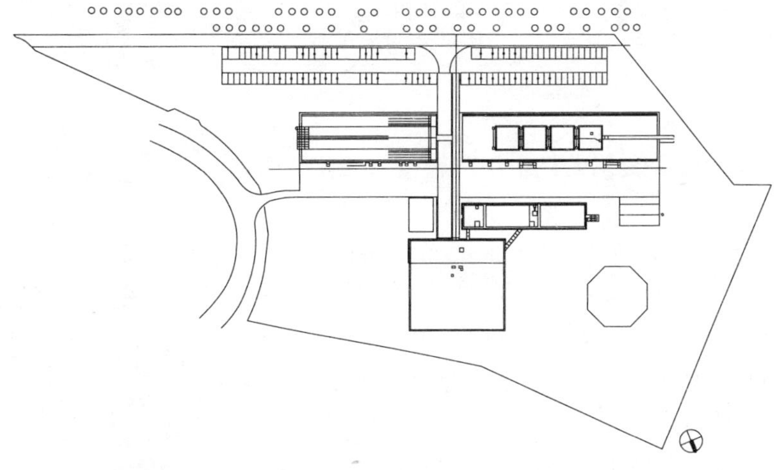

图 2–38
国立科学研究中心
平面图

图 2–39
国立科学研究中心

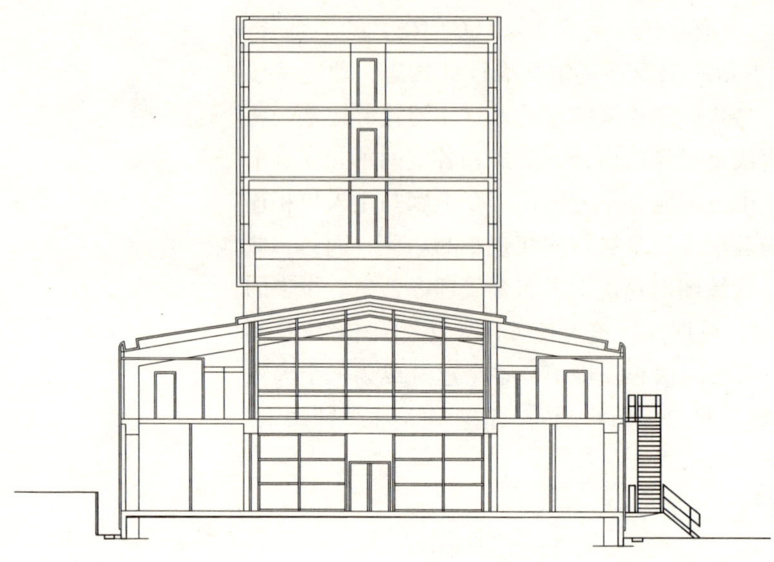

图 2-40
国立科学研究中心之计算机中心剖面

玻璃、混凝土和铬合金材料，突出的技术细节表现了工业文明，增加了建筑的工业气息。

1985年，尼姆市市长让·布斯凯(Jean Bousquet)邀请让·努韦尔在尼姆市郊区设计一个社会住宅试验项目，要求满足低造价和一定的舒适性。让·努韦尔在这个项目中采用严格的预算和严密的构造管理，同时大量使用工业产品。经过多年使用，已经证实了用户对这个住宅建筑的喜爱。让·努韦尔选择应用先进的技术和材料，着力体现出工业文明的特征。首先，这座住宅建筑的室内和室外使用预制的工业构件，使得建筑达到低造价的要求。其次，楼梯和阳台是工业金属材料的网格状的板材，保证室内的阳光充足和视线的通透。宽敞的折叠门简洁方正，更加突出体现了建筑的工业化特征（图 2-41，图 2-42）。此外，让·努韦尔在 1990 年设计的法国达克斯垂姆斯旅馆也是一例，这是一座有着大型门廊的温泉旅馆。为了更好地与周围环境相协调，这座旅馆建筑的外墙壁装配备了工业化的预制建筑构件和木制百叶窗作为遮阳篷。而且室内的条形氖管灯的设置加强了大厅内游泳池水蓝色的空间效果（图 2-43 ~图 2-45）。让·努韦尔把结构和形式等同起来，体现了工业化时代建筑的特点。

通过以上分析，我们看出工业文明的进步为建筑师的建筑设计创新提供了平台，让·努韦尔设计的这些成功作品都是新

时代工业文明的结晶。社会生活和科技进步给人们的价值观和审美观带来巨大的变化，它必然促使建筑师积极地运用新材料、新工艺、新技术来创造更好的建筑作品。让·努韦尔正是积极地利用工业技术，来创造具有时代文化特色的建筑作品。

图 2-41
尼姆住宅阳台和楼梯细部（左上）
图 2-42
尼姆住宅中通往阳台的通长折叠车库门（右）
图 2-43
垂姆斯旅馆温泉大厅（左下）
图 2-44
垂姆斯旅馆剖面图（下）

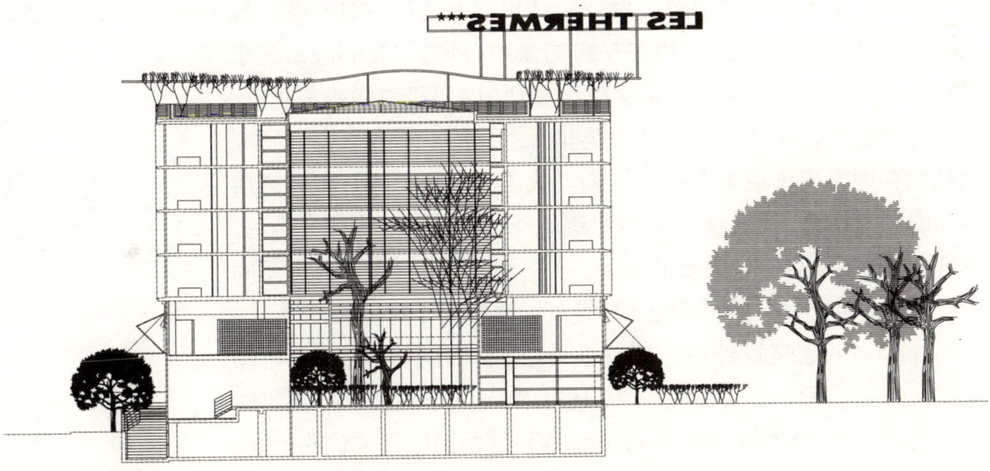

图 2–45
垂姆斯旅馆木质百叶窗细部

2. 图像文化特征

当代科学技术的迅速发展把图像文化推到了前台。图像文化侧重于人们的直观感受，但它并不是简单地欣赏纯粹的形式，而是意味着文化艺术革命的到来。从工业社会的物质文明向后工业社会的非物质文明转变，是新时代建筑设计发展的总趋势，而推进这一转变的关键是信息技术。信息技术的发展强化了图像文化，已成为人们生活中不可或缺的一部分。让 · 努韦尔对当代科学技术的发展有着异常敏锐的反应，他善于从广告、电影、连环画、风景、小说中汲取灵感，设计出利用立面传达信息、营造气氛的屏幕建筑。让 · 努韦尔在一次访谈中曾说，“我们应该善于用技术来传达诗意情感，看见学校仍然利用 45° 投影线研究建筑，令人觉得荒谬，这样训练建筑师是非常落伍的。对我来说，研究建筑物在雨雾或夜晚中亦非常重要，我认为有颜色的灯光及商店界面的广告招牌，是令人赞赏的建筑奇观……强烈的光线及颜色，也是人类感官中的一个重要的向度。”[20] 所以，让 · 努韦尔以不同于传统的形式把以往被看成是非建筑的元素推向了建筑的舞台。

在众多的建筑设计中，让 · 努韦尔都力求通过建筑传达图像文化特征。例如让 · 努韦尔在 1991 年设计的德国科隆媒体园综合大楼方案（Media park Complex）就是图像化时代的产物，体现了图像文化的设计意向。按照当地的街区布局和集中计划，在一个完全独立的地段处理这个综合项目有较大的难度。作为分散型建筑的再建工程，让·努韦尔根据给定的地段将办公室、饭店、住宅、商业等多个功能区分离设置并重新紧凑地组合它们（图 2–46 ~ 图 2–49）。这座建筑饰有深灰色的玻璃帷幕，其中

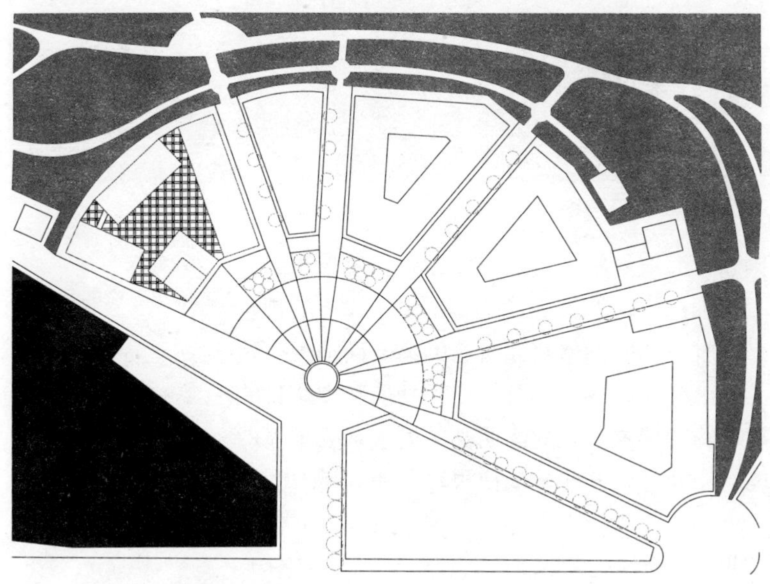

图 2–46
科隆媒体园总平面

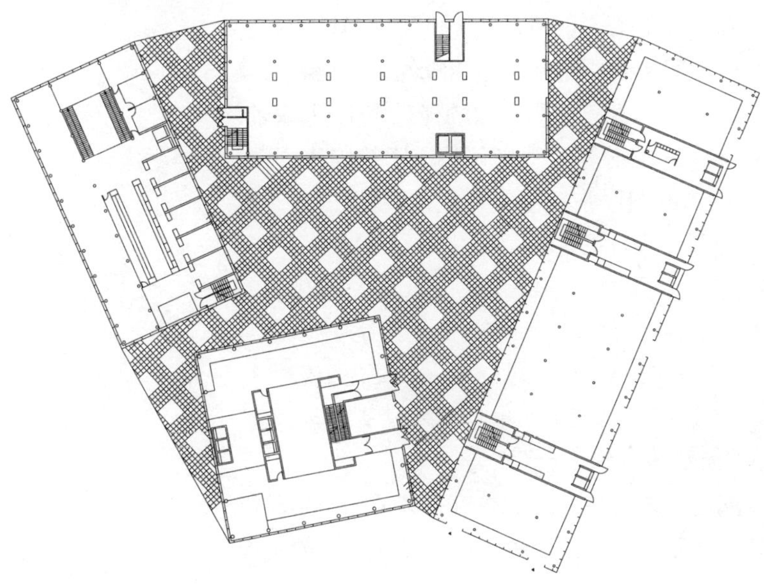

图 2–47
媒体园综合大楼一层平面

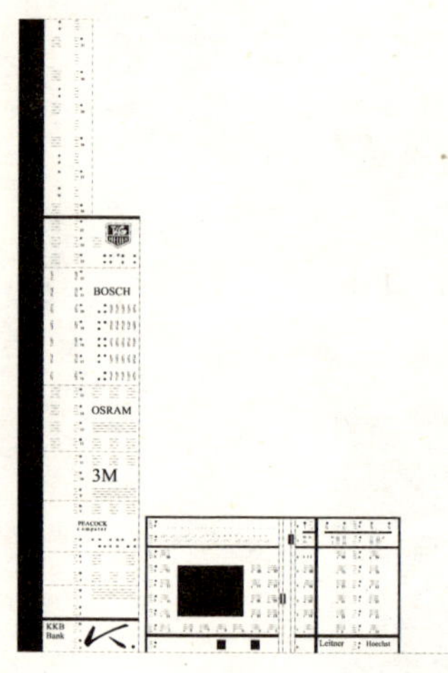

图 2-48
综合大楼西北立面图（左）
图 2-49
媒体园模型（右）

的商店透过经过印刷处理的玻璃将内部色彩强烈的信息传送到外面，公司的名字及商标加在建筑的外表面上，增强了建筑的视觉趣味。当租用公司离开时，这些图像将随着它的离开而消失。建筑物的形象像生命更替一样而改变。同时，出于功能和安全目的的信号系统点缀了建筑物的形象。北立面明亮的玻璃加强了人们对这个二维屏幕的理解。同时，这些玻璃使得建筑物内所有的活动更加明显。

让·努韦尔在1995年设计的法国巴黎世博会竞赛方案中，一些传统的非建筑的元素占据了主要的地位，建筑的生机和活力通过透明的玻璃与框架显现出来。世博会是先进的科学技术和文明得以展示的公共场所，图像的应用加强了建筑的标识性和公众性。让·努韦尔创新地采用起源于电影艺术的视觉变化，如取景、快速上升、高角度和低角度投射等手法来代替通常的立体透视，使他的建筑设计波动于二维图像与三维空间之间（图2-50，图2-51）。另外，让·努韦尔设计的库波勒文化中心（La Couple Culture Centre）同样引入了时间的概念，创造出非物质化的艺术效果。这个文化中心坐落在巴黎的一个新兴城镇，地段周围有一座游泳池和商业中心的具有导向性的风景中。该文化中心大礼堂的圆柱子是黑色的、不透明的，这源于让·努韦尔从《向日葵》（Tournesol）中描述的游泳池得到的启发。

大礼堂的巨大玻璃窗上雕刻着人影的轮廓，其后一条精品街隐隐显现，蓝色氖灯闪烁笼罩着它。在色彩上，文化中心的正面

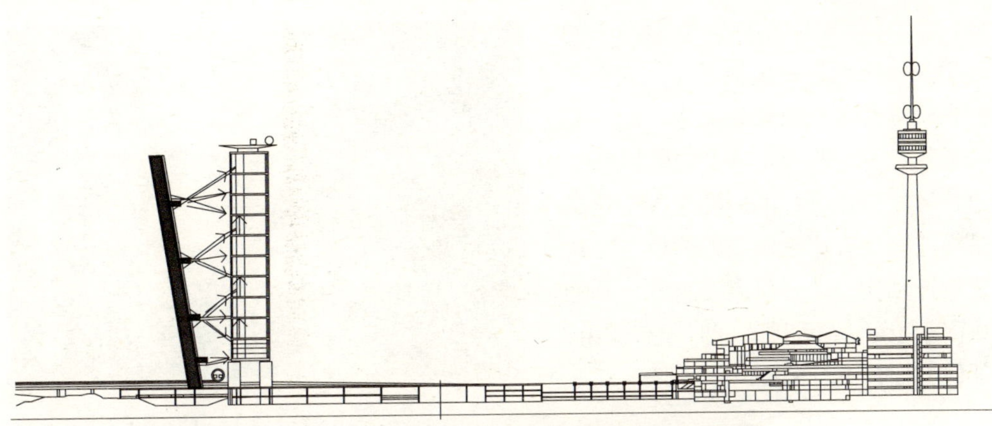

图 2–50
1995 巴黎世博会剖面（上）
图 2–51
1995 巴黎世博会模型（中）
图 2–52
库波勒文化中心（下）

是意大利脆饼的颜色，地板上多彩的条纹使行人明确了交通流线。该文化中心因透明、深度和视觉信息的饱和而著名(图 2–52，图 2–53)。让 · 努韦尔利用玻璃材料表现一种非物质化的概念，尽量减弱建筑本身的厚重和体量感，带给人们有别于传统建筑的审美感受。

以上分析表明，伴随着图像文化兴起，建筑的营造氛围的手段更加广泛。数字技术的变化日新月异，它为建筑艺术的塑造提供了丰富的物质基础和创作形式。非物质性设计是社会后工业化或信息化的结果。新时代的建筑设计正在由物质向非物质转变，由实体向虚拟转变。图像技术的应用只显示形象的虚拟现实，迎合了信息化社会人们的情感需求，给人们带来新奇变幻的视觉感受。由此可见，建筑形象创作好坏的标准之一是建筑最终能否使人产生审美的愉悦。在建筑设计创作中，物质因素也好，非物质因素也好，各种因素同时起着作用，任何方面都不得偏废。

图 2–53
库波勒文化中心室内

3. 体验文化特征

对于让·努韦尔而言，建筑技术能够使每一场所具有特殊的含义，具有不同于其他场所的个性和特征。他所营造的建筑氛围，不仅仅是来自外在的形式，更是发自深层的文化涵构。对场所特征的理解和想象是体验匹配的过程，在这过程中，情感是联系建筑与观者的纽带，是产生共鸣的前提。因此，从这个意义来说，能表现情感和感染观者的作品才是显示出当今建筑艺术真谛的建筑。让·努韦尔通过特定的形式和空间表达建筑场所蕴含的某种情怀，进而使建筑摆脱功能的束缚而由一种物质形态升华为一种情感体验的容器。

我们来看让·努韦尔设计的卡蒂尔基金会——他在这方案中利用新技术、新材料塑造情感化的建筑空间，体现他对建筑基地历史性的重视。该建筑位于法国巴黎第 14 区拉斯帕丽(boulevard Raspail）大街 261 号，巴黎蒙帕那斯（Montparnasse）学校的对面。该基金会的基地具有历史性是因为 19 世纪著名的法国浪漫主义文学先辈夏多勃里昂（Chateaubriand）曾住在这里并且在这片基地上种植一些大的杉树。而且，这块基地原本是美国文化中心的位置所在，后来美国文化中心将土地出售给一家保险公司并搬到巴黎东南方的贝西（Bercy）区。原本这家保险公司计划兴建的是一栋坚固稳重的大型建筑，但遭到邻近居民的反对而作罢。后来保险公司又将基地转卖给卡蒂亚集团，总裁皮尔（A. D. Perrin）计划在这里兴建一栋集办公和展示功能为一体的综合性建筑物，于是委托让·努韦尔为他做设计。由此，让·努

图 2–54
卡蒂尔基金会局部一（上）
图 2–55
卡蒂尔基金会局部二（下）

韦尔便创造出令人难以捉摸的、极具创新意义的建筑——卡蒂尔基金会。整个建筑充满抛光的铝板、钢框架和完全透明的玻璃。一层和二层是巨大的排柱式结构，展示厅是两层贯通、镶满玻璃的大空间，建筑从头至尾纯净通透。树林渗透到展示厅，二者融为一个有机的整体（图 2–54 ～图 2–56）。在建筑的顶部，立面伸出屋面好几米，使这个建筑融入周围的环境之中。置身在这个建筑内，人们可以感受到诗人的浪漫韵味和该地区广为流传的美利坚中心的情感震撼。在这个方案中，建筑成为促使人们交往的纽带和互相理解的媒介。体验的匹配给人们带来了无穷无尽的联想，以致达到情感上的沟通和认同。

让 · 努韦尔设计的里昂新歌剧院 (Lyon，France，1986~1993) 积淀了深刻的精神内涵，该建筑壮观的形态特征与日常生活的功能性体验相匹配。首先是它的悬挂式的意大利厅使观众更贴近舞台。大厅空间和公共区域是人们观赏和进行情感交流的地方。在这里，人们可以充分体验到一种既熟悉又独特的情感世界：深黑色、金色和红色反映出仪式的尊严性；旋转的自动扶梯直达建筑物的制高点带有一定的戏剧性和紧张感；微光反射下的大钢琴倍显华丽。其次是空间体验的扩大化塑造。在体积没增加的情况下，新歌剧院空间是旧剧歌剧院的 3 倍，这主要通过两个增加的部分得以实现。一个增加部分为主要的演出部分，即一个 200 座大厅和一个音乐排练厅，唱诗班和工作室等，它们被置于地下；另一个增加部分是建筑上部巨大的半圆柱玻璃拱顶下悬吊的两个舞蹈表演厅、包厢以及管理部门等空间。此外，大厅的音响效果也是经过精心设计的，其力求满足音乐家和芭蕾团演练行为活动的需要（图 2–57 ～图 2–59）。经过让·努韦尔巧妙的设计，里昂新歌剧院就像一台精密、复杂的仪器，可供高质量的表演使用。更重要的是，这座剧院以其非凡的建筑形式成为城市中心的一个标志。

从以上的例子我们可以看出通过丰富的生活体验和文化浸染，技术不再仅仅作为建筑设计的物质基础，而是已逐渐地被融入了艺术的情感，被升华为一种文化的象征。让·努韦尔的建筑创作是时代的产物，是感性与理性的统一，是蕴涵文化意义的综合体。正如阿尔瓦·阿尔托所说，“只有把技术功能的内涵加以扩展，直至覆盖心理范畴，才能真正使建筑成为人们需要的建筑。”[21]

图 2–56
卡蒂尔基金会室内

图 2–57
里昂歌剧院外观

图 2–58
歌剧院室内楼梯细部

图 2–59
歌剧院表演大厅

让·努韦尔以新颖生动的建筑形象创造出技术、艺术和文化相融合建筑作品。

四、建筑个性的多元塑造

在信息化时代的今天，现代建筑在先进技术的支撑下得到了新的发展，使具有时代特色的技术艺术得到了充分发挥。对于技术与艺术的有机结合，让·努韦尔采用灵活多样的手法，塑造出既体现时代感又具有独特个性的建筑场所。因此，让·努韦尔的建筑作品在表现方式上往往具有可变性和相对性，体现了建筑个性的多元塑造。他总是在追求建筑自身的强烈表现力的同时，还认真思考建筑与环境的和谐共处，进而在其建筑作品中凝结了深刻的文化内涵。

1. 限定性

让·努韦尔曾说，“建筑学的本质是超越它当前自身的极限。”[3]让·努韦尔在建筑设计中力求大胆创新，但他的建筑创作并不是随心所欲的，而是伴随着一定的限定性。让·努韦尔所做的每一个建筑设计的可行性都是有限度的。正如吴良镛先生认为，“建筑与诗词一样，也是戴着脚镣跳舞，要按一定的原则去设计。”[22]对于建筑设计中的自然、社会、经济、文化等诸多环境条件，让·努韦尔的态度是慎重地加以处理。他并没有被这些特定的条件所束缚，而是尽可能地将设计中消极的限制条件转化为积极的创造灵感。正如让·努韦尔所说，“我每次总是在允许的范围内尽可能地向前发展”。[23]让·努韦尔的每个建筑设计都是一次新的探索和尝试，这也充分显示了他非凡的创作天赋和创新才能。

对于每一个建筑实体和空间的安排，甚至对每一个建筑细部与装饰的设计，让·努韦尔都有着明确的目标和依据。让·努韦尔在1999年设计的雷那·索菲亚国立博物馆与艺术中心的扩建方案是他参加马德里博物馆设计竞赛的参赛作品。在这个建筑方案的设计过程中，让·努韦尔充分注意到周围环境的限定性，他试图以一种与街道和周围建筑高度相协调统一的建筑形式实现创新而最终在竞赛中获胜（图2-60～图2-64）。原老馆是由18

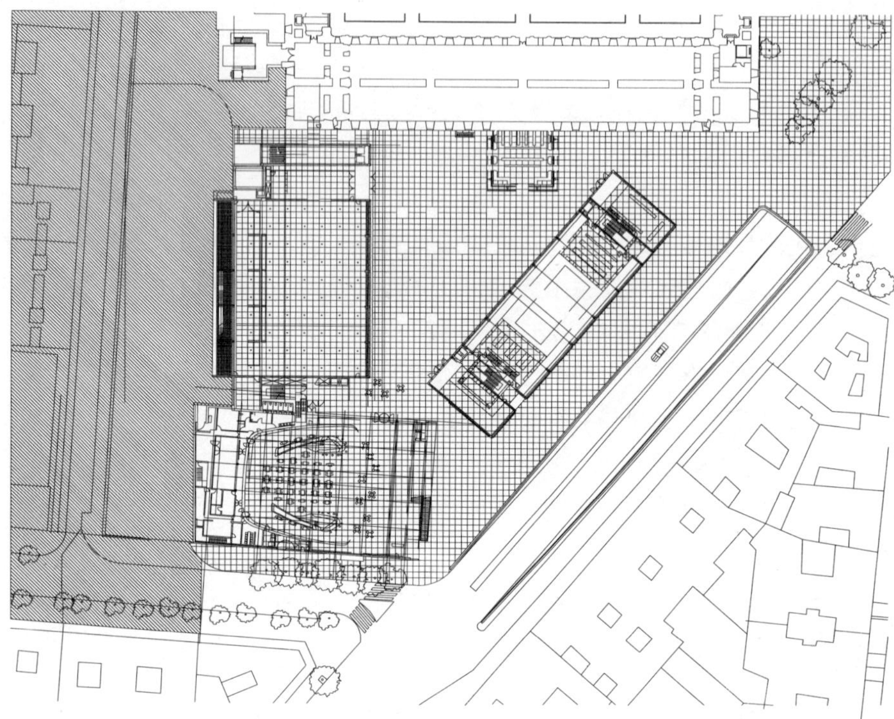

图 2-60
索菲亚国立博物馆与艺术中心扩建平面

图 2-61
索菲亚国立博物馆与艺术中心图书馆剖面

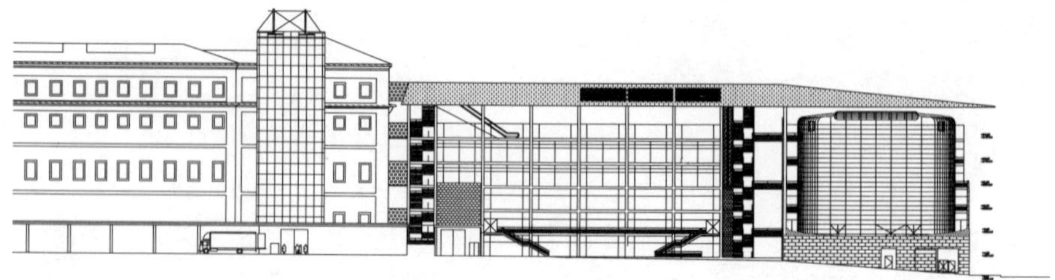

图 2-62
索菲亚国立博物馆与艺术中心北立面

世纪的圣卡洛斯医院改建而成，高 5 层，中间有方形的庭院。扩建部分增加了约 8000 平方米的图书馆、餐厅和礼堂。扩建的新馆在老馆的西南侧，由观演展室、报告厅和图书馆组成，与旧馆形成了三角形的庭院围合空间，该空间上部覆盖着巨大的顶棚。新馆面向主要街区的部分设置了两个开口，塑造了更广阔的城市开放空间。南面的图书馆只有两层，上面用钢柱支撑着紫红色的顶棚，其厚实的表面形成许多对阳光具有导向性的、不同大小的开口，造成了庭院内随着季节和时间不断变化的光环境。此外，图书馆部分的外立面与街道平行，与街道形成很好的界面呼应关系。按照努韦尔的说法，“该建筑就是我自己想要的形式，与周围环境形成了我所追求的关系，标新立异并体现时代感。”[24] 让 · 努韦尔对于这种敏感的地段极为尊重，因为该地段不允许采取唐突或不和谐的解决办法。在该方案中，庄重和严谨占据了主流，让 · 努韦尔以此打破了弗兰克 · 盖里在毕尔巴鄂古根海姆博物馆设计中所创造的自由、流线型建筑形式的流行趋势，他在满足限定性的同时，作出最大限度的创造和探索。

图 2-63
索菲亚国立博物馆与艺术中心局部景观（上）
图 2-64
庭院内光影效果（下）

对让 · 努韦尔而言，塑造一个恰当的场所不只是形状和尺度的问题，还需要选择适当的表情，这在他于 1989 年设计的法国图尔市国际会议中心的实践中就有所体现。该会议中心面积为 22000 平方米，处于一狭长地段内，1993 年 9 月完工。基地的形式为设计带来较大的局限性和难度。在这个限定繁多而苛刻的条件下，让 · 努韦尔的工作重点就是避免一切似乎成定局的结果，使此地段摆脱它作为剩余角落的限制。首先，图尔市国际会议中心与一栋带有花园的省长府邸和一栋由维特拉路（Victor Laioux）设计的 19 世纪的火车站相邻。公园长而窄的地段、凸起的高地以及地段的边界线，尤其是周围的景色，对会议中心形成了严格的约束（图 2–65 ~ 图 2–67）。结合地段的特殊性和限定性，让·努韦尔选择在该场所放置一个长方形物体，将三个观众厅串联布置和纵向排列，并小心地把这个长方体塞入到一个已组织好的环境中，与现存的环境形成最佳的融合，创造了一道与周围环境协调统一的城市景观。其次，让·努韦尔将整座建筑体块设置在有宽大雨篷的屋顶下。灰色的金属外壳下覆盖

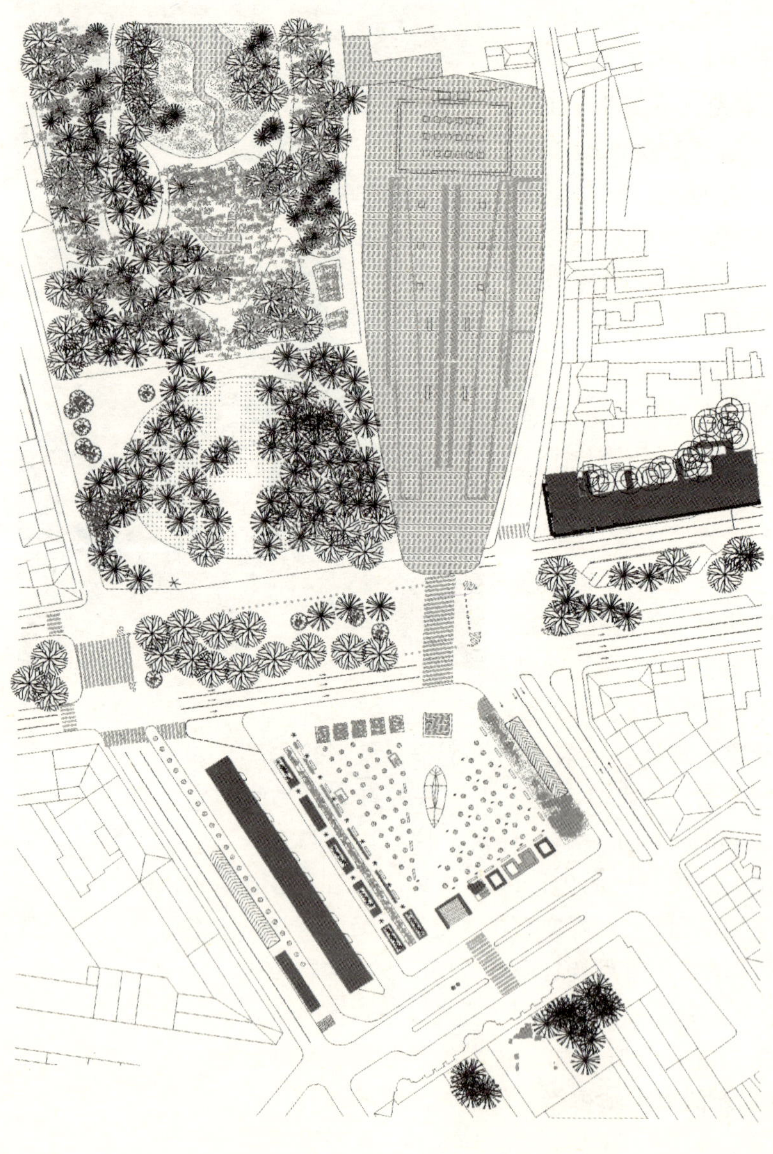

图 2–65
图尔会议中心总平面

图 2–66
图尔会议中心全景

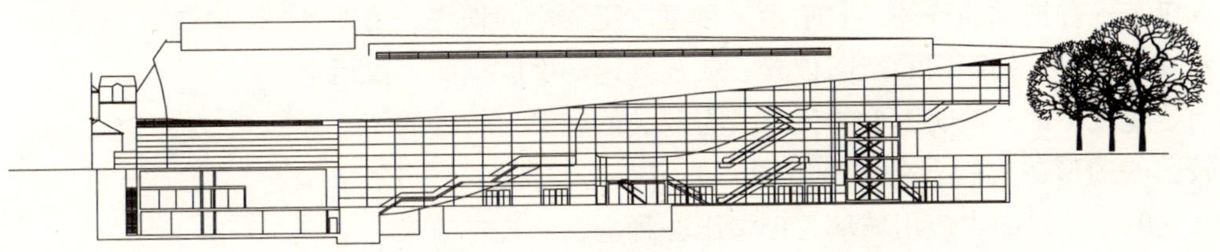

图 2–67
图尔会议中心西立面

的是一个装满各种不同器具的盒子：暗灰色的大礼堂、采用皮革和木材相结合的中型礼堂、清澈明亮的小礼堂。让·努韦尔设计的图尔市会议中心在建筑表情上与周围环境相呼应，产生了和谐统一的效果。

由此可见，建筑从来不是存在于真空中，它周围的整体环境状况会从不同方面对其产生影响。正如恩斯特·卡西尔（Ernst Cassirer）所说，“艺术的形式并不是空洞的形式。他们在人类经验的构造和组织中履行着一个明确的任务。生活在形式的领域中并不意味着是对各种人生问题的一种逃避；恰恰相反，它表示生命本身的最高活动之一得到了实现。”[25] 在建筑被创造出来之前，它的一切可能便依赖于复杂而又具有决定性的自然和社会环境状况。让·努韦尔往往通过对限定条件进行深入分析，把限定性元素转变为建筑设计的动力，并以此为契机制定出合理的设计方案。让·努韦尔把处理建筑与周围环境的关系作为建筑设计构思的起点，继而再从艺术角度加以设计，最终创作出技术与艺术高度统一的建筑作品。

2. 透明性

透明、轻巧、明亮是现代建筑备受人们青睐的原因之一，透明性对建筑空间有着重要的影响。密斯认为建筑离不开透明性，他曾说："假如没有玻璃，混凝土将会是什么样子？钢铁又将是什么样子？二者创造新的空间的能力将受到极大的限制，甚至于完全丧失。它们的承诺将永远止于虚幻，不会成真。"[26] 关于透明性，乔治·科普斯（Gyorge Kepes）在他的《视觉语言》一书中给出了很好的定义："当我们看到两个或更多的图形层层相叠，并且其中的每一个图形都要求属于自己的共同叠和部分，那么我们就遭遇到一种空间维度的矛盾。为了解决这一矛盾，我们必须设想一种新的视觉属性。这些图形被赋予透明性：即它们能够相互渗透而不在视觉上破坏任何一方。然而透明性所暗示的不仅仅是一种视觉的特征，它暗示一种更广泛的空间秩序。透明性意味着同时感知不同的空间位置，在连续运动中的空间不仅后退而是变化不定。透明图形的位置具有双关的意义，较近的图形和较远的图形在我们看来都处于同一平面上。"[27] 让·努韦尔常常在他的建筑作品中应用玻璃，创造出一种全新的视觉效果，最终实现其独特的审美属性。玻璃作为一种有着鲜明个性的现代建筑材料，其透明与反映景物的特性，使建筑与光形成一种特殊的关系：白天形成变幻的景象，夜晚则像透明的光盒子。正因为有如此亦真亦幻的效果，所以透明性常被让·努韦尔作为一个有效的创作方法和理念，并乐此不疲地探索它的魅力。

让·努韦尔在 1988 年曾设计一个度假胜地 （Spa in Vichy），他在这座建筑中表达了关于透明性的概念。这座建筑由游泳池和一个三星级宾馆组成，它们通过一个巨大的玻璃和金色的拱顶连接。从这个拱顶可以看到两个景点，变化的光线穿过厚玻璃板墙，产生明亮、透明的视觉效果。让·努韦尔通过这大块透明玻璃的建筑物创造了轻巧而且活泼的空间（图 2–68）。让·努韦尔曾说："玻璃的反射性、锐利性和明确性的特质也正是我们时代本身的特质。"[3] 因此，玻璃在人们心目中已成为情感和文化的象征。玻璃光洁富丽的表面、光影闪烁的效果、丰富的色彩和透明的空间感觉，符合现代人感性的审美心理及快节奏的社会生活。

还有一个很好的例子是让·努韦尔在 1995 年设计的位于德国柏林的弗里德利希大街和法国大街交叉口的拉法亚特精品廊（Galeries Lafayette）。在二战之前，弗里德利希大街是柏林城市中心的时尚一条街，因此在属于柏林的黄金地段上兴建商业建筑有着特殊的意义。让·努韦尔的这项设计独具匠心，他 1995 年

图 2–68
维希度假胜地

在米兰的演讲中说："关于光、深度和通过标志强调商业概念，又在拉法亚特精品廊中重现。"[28] 拉法亚特精品廊的最迷人的地方是建筑内部有好几个穿插在其中的玻璃圆锥体，它可以将七楼的天光通过圆锥体一直传达到一楼，以惊异的手法在商业空间中制造了透明性。这样不仅最大限度地解决了光和空间的交融关系，而且为商业空间带来生机和活力（图 2–69 ~ 图 2–71）。拉法亚特精品廊几乎全部采用玻璃材料，其外部与周围建筑的文脉极其谐调，内部呈现出巨大的玻璃锥体，像是一个透明的深谷。通过玻璃圆锥体，顾客可以欣赏各层的风景，人流如影像一样在视线中闪烁。

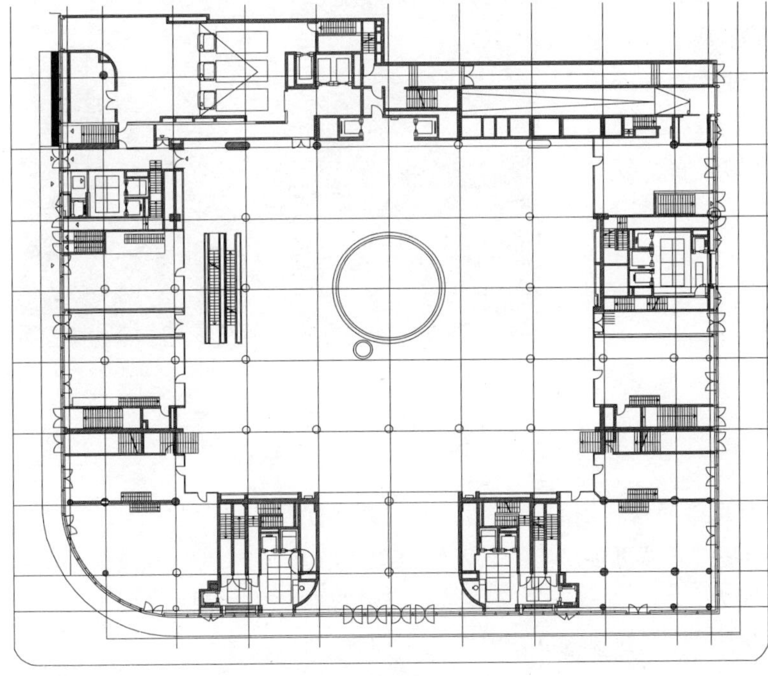

图 2–69
拉法亚特精品廊一层平面

那些映照在圆锥体上变形的图像，为空间增加了神秘幽默的趣味。到了夜晚，镶在玻璃外立面各层上的光带为建筑增加了愉悦变化的节奏和通透绚丽的街道景观。因此，该精品廊鲜亮的外形、变幻不定的景色为柏林城市市容增色不少。让·努韦尔以轻质的玻璃代替了传统的砖石做建筑的围护结构，使整个建筑走向轻盈化，赋予建筑以个性。

此外，随着技术的进步，半透材料如玻璃砖、玻璃印染、打孔钢板、透光的大理石、木质或金属的活动百叶、钢丝网等等的使用，也极大地增加和丰富了建筑的内外关系及其质感与层次。一些半透材料在让·努韦尔设计的阿拉伯世界文化中心、垂姆斯旅馆等多个方案中都有所应用。由此看出，人们居住的现代城市与建筑都离不开对透明性的塑造。建筑师对透明性的追求体现了对新时代建筑美学的追求，暗合了信息社会文化的丰富、复杂与暧昧。玻璃等现代建筑材料以其透明精美的形态、变化丰富的色彩日渐成为建筑师进行建筑设计创新不可缺少的一部分。

图 2-70
拉法亚特精品廊外观（上）
图 2-71
精品廊内的玻璃圆锥大厅（下）

3. 创造性

让·努韦尔是一个思路非常开阔的建筑师。他的设计视野不仅局限在建筑领域，而是擅长从更加广泛的艺术领域里汲取营养，丰富其建筑创作的表现力。这一点从让·努韦尔办公室的陈设就可以看出，那里几乎没有一本建筑杂志，他的书架上摆满了时装、摄影、珠宝等相关艺术的书籍。让·努韦尔常常从这些资料中获取设计灵感，获得创造力的启发。让·努韦尔认为，“在创作过程当中，一旦资料收集齐全，限定性以及创造的优先性被分析与讨论，就会有一个创造性的飞跃。”[29]让·努韦尔以其独特的创造力解决了建筑设计中的众多相关问题，创造出富有诗意的建筑作品。

创造性不是无源之水，无本之木，而是取之于建筑传统。对待传统建筑，建筑师要取其精华、去其糟粕。因此，建筑艺术的真谛在于正确对待建筑传统，找出创造性的突破口。让·努韦尔非常重视应用先进的现代技术，运用创造性的思维，努力把城市生活环境建造得更好，这一思想在他的建筑理论和实践的探索中充分地得以展现。为防止城市的恶性膨胀，建造便利、舒适、愉悦的城市居住生活环境，日本北方城市青森市（Aomori）曾举办北方集合住宅国际大学生竞赛。设计要求包括200个公寓与相应的福利、医疗机构、文化场所、商店、停车等服务设施。此外，还要求方案应结合寒地城市气候特点，尽量满足人们日常生活的舒适性。除日本本土建筑师安藤忠雄以外，仅有让·努韦尔一位外国建筑师担任此次竞赛的评委。这个竞赛鼓励学生们发挥更丰富的想象力，从建筑设计中获得启发，再应用到建筑中去。这说明在日本，人们已经开始关注创造力对于建筑设计的重要性，而且他们对让·努韦尔在建筑设计中的创造性思维给予肯定。

在1994年，让·努韦尔为举办1998年足球世界杯竞赛和其他大规模展览设计了可容纳8万人的法国圣德尼大型体育馆（Large Stadium Saint-Denis）足以说明他是一位富有创造力的建筑师。该体育馆选址在法国巴黎城区一片30公顷的废弃的工业区域内。让·努韦尔将设计方案定位为城市的竞技场，他希望能通过体育馆恢复这片土地的城市气息，这意味着这项设计从一开始就遇到了艰难的挑战。让·努韦尔根据观众距离赛场的远近、观众看比赛的视角与可见性这两个评判体育馆的标准，采用了四面看台可向前滑动的设计，因此这个露天大体育场是可移动可变的（图2-72～图2-74）。他还根据需求来调整赛场的大小，容纳8万、6万、4万、2.5万人。这样简易的可变尺寸的设备可避免在举行小型赛事时所出现的赛场内空洞无人的感觉。而且，可移动的金属遮阳篷使观众在四季都很舒适，同时保证赛场上的草

皮能晒到太阳。体育馆的正面设有一层粗糙的金属网格板，从这片金属网格板我们可以看到运动着的、美感十足的镜头：体育明星的巨大头像，巨大明亮的玻璃板上的广告，蕴含着多种颜色的巨大屏幕，以及那些喜欢运动和流行音乐的青年人所熟悉的闪动画面。这座体育馆的设计体现了让·努韦尔的创作天才和对复杂设计运筹帷幄的本领。

随着科学技术的发展，建筑的科学性越来越突出，同时对建筑艺术的要求也越来越高。时代的进步促使建筑师的个性得到了进一步解放，建筑师的创造意识日益觉醒。正如评委会这样评价让·努韦尔："他好奇而敏捷的思维促使他大胆地设计每一件作品。这些作品获得了不同程度的成功,丰富了现代建筑的内涵……让·努韦尔的建筑不受先入为主的'风格'约束。"[10]让·努韦尔试图运用创造性的思维，努力提高建筑的创造性和感染力。建筑师只有从建筑设计条条框框的束缚中解放出来，才能将创造的潜能最大程度地激发出来。

图 2–72
法国圣德尼大型体育馆（上左）
图 2–73
体育馆屋顶开启场景（上右）
图 2–74
圣德尼体育馆立面（下）

4. 矛盾性

建筑设计是一项创造性的设计活动，在这过程中不可避免地存在着各种各样的矛盾。可以说，建筑设计就是不断发现矛盾、解决矛盾的过程。建筑师在进行建筑设计时面临的矛盾有："内容和形式之间的矛盾；需要和可能之间的矛盾；投资者、使用者、施工制作、城市规划等方面和设计之间，以及它们彼此之间由于对建筑物考虑角度不同而产生的矛盾；建筑物单体和群体之间、内部和外部之间的矛盾；各个技术工种之间在技术要求上的矛盾；建筑的适用、经济、坚固、美观这几个基本要素本身之间的矛盾；建筑物内部各种不同使用功能之间的矛盾；建筑物局部和整体、这一局部和那一局部之间的矛盾等，这些矛盾构成非常错综复杂的局面。"[30]让·努韦尔承认和接受建筑设计中的矛盾性，并积极采取兼收并蓄的立场，将彼此对立的条件和内容都包容起来，进而创造出满足物质功能和精神需求的建筑作品。

让·努韦尔的多件建筑作品都是在不同的、甚至对立的矛盾情形之间求得综合的结果。例如，他设计的图尔市会议中心就是个对立的矛盾统一体。主要表现在：简单的外表和复杂的内部，厚实和透明，对称和对公园、马路的不同呼应处理……这些矛盾既是自然的又是明确的。再如，让·努韦尔设计的法国雷莫里诺市 CLM-BBDO 广告公司总部的外部坚固而封闭空间的紧张性与内部开朗、宽阔空间的轻松、活泼性形成强烈对比。他设计的阿拉伯世界文化研究中心也是以对立统一的辩证手法来表现的。这个研究中心巨大的建筑体量仿佛是在表达语义上相对立的概念之间的对话：现代性与作品所处地段周围的传统性，阿拉伯文化与西方文化，现在与过去，以及私密性和开放性。让·努韦尔成功地对阿拉伯文化与西方文明进行了现代阐释。在这个方案中，传统理念和现代思想的碰撞为他带来全新的认识。这些实例表明让·努韦尔运用对比协调的手法，如形体的对比、空间的对比、材质的对比、意义的对比等等，追求建筑的主观性和客观性的统一，进而达到建筑与环境和谐共处的设计目的。

让·努韦尔试图采用形体、色彩、质感的对比，使建筑产生令人震撼的效果。他还能够从形式与风格的束缚中解放出来，把建筑融于城市环境之中，追求建筑与城市的一种和谐共生的关系。让·努韦尔设计的雷诺记者招待会俱乐部（Club Renault Canal-Boat）是粗糙的工业外观与细致的内景相对照的实例。让·努韦尔将一艘运河船改建成记者招待会俱乐部，他保留了船只的外部元素：完全是黑色和黄色舱口的船只，使它一看便知

图 2–75
雷诺记者招待会俱乐部内部

是运河船；而船只的内部，刷了漆的光滑木质板材和红色毛皮，完全是一艘豪华游船一样的处理手法（图 2–75）。这样，建筑外部与环境协调，建筑内部豪华而舒适。该俱乐部体现了一种对比共生的设计理念，包含内与外的共生、建筑与自然的对比与共生。在这项设计中，让·努韦尔综合了建筑与环境的因素，均衡它们之间的矛盾，创造了一个共生共存的和谐整体。

从让·努韦尔的建筑创作实践中，我们看出建筑师要进行设计创新就必须要有综合的思维能力，要能够在错综复杂的诸因素中，寻找出解决各种矛盾的最佳方案。让·努韦尔在建筑设计中不仅能够很好地处理建筑自身各要素的关系，还能协调好建筑与外部环境要素的关系。随着时代的发展，建筑设计的内涵不断拓展，越来越体现出巨大的包容性、矛盾性和复杂性，并推动建筑审美理念不断进步，以适应社会的变化。在新时代的背景下，系统综合地对待建筑设计中的矛盾问题是让·努韦尔成功地进行建筑创作的重要途径。

5. 神秘性

让·努韦尔的多数建筑作品中存在着一个共性，那就是都具有一种强烈的非理性色彩和偏重主观情绪表达的神秘性。他设计的建筑往往在形式上是浪漫的、是亲切抒情的，在细节上是生动的、是瞬间变化的。丰富的元素、逼真的细节、复杂和模糊的内外关系、光影的运用为让·努韦尔的建筑作品增添了浓厚的神秘感。著名诗人歌德（Johann Wolfgang von Goethe）认为，"美永远不能真正了解它自己。"[31] 信息时代的扑面而来，人们的价值观和思维方式发生了很大的变化，很多建筑师也纷纷开始对场所精神和诗意栖居的追求和探索，让·努韦尔就是其中之一。神秘感和诗意性为让·努韦尔的建筑创作增添了新的内容，为建筑意义的更新注入了深层的社会文化内涵。

我们以让 · 努韦尔设计的图尔市国际会议中心为例来说明这个问题。该会议中心包括可容纳 2000 座、700 座和 350 座的三个报告厅、展览平台、餐馆、时装商店以及相关设施。悬挂的大厅和光线的映射渲染了整座建筑的神秘氛围。让 · 努韦尔将三个报告厅巧妙地组合在一个“舌”状的平面内，插入狭长的地段，使主要的体量悬挂在屋面下，如同一个晶莹的玻璃盒，带有一个巨大的灰色金属罩面顶篷。建筑饰有灰色的金属板墙，就像一个巨大的乐器盒。相交的楼梯对称地吊挂，看上去似灯笼。白天，整座建筑在阳光的照射下熠熠生辉；晚间，室内的灯光射在重叠设置的网格和墙面上，给人们带来一种对浪漫神秘的憧憬。建筑不是独立的个体，而是整个城市环境的一部分（图 2–76 ~图 2–80）。因此，社会文化的情感化转向推动了建筑设计的更新和改变，开

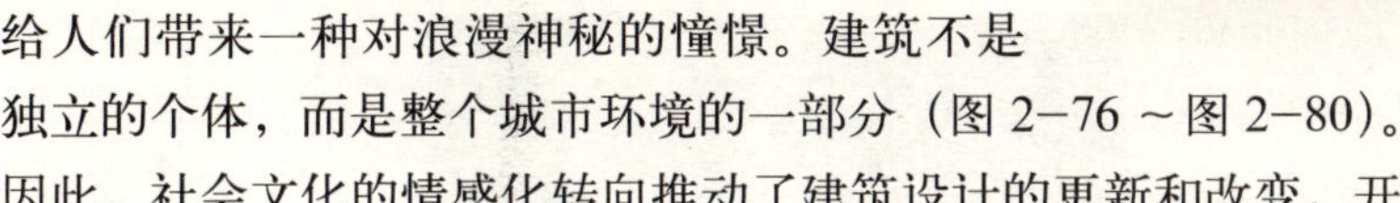

图 2–76
图尔会议中心外观局部

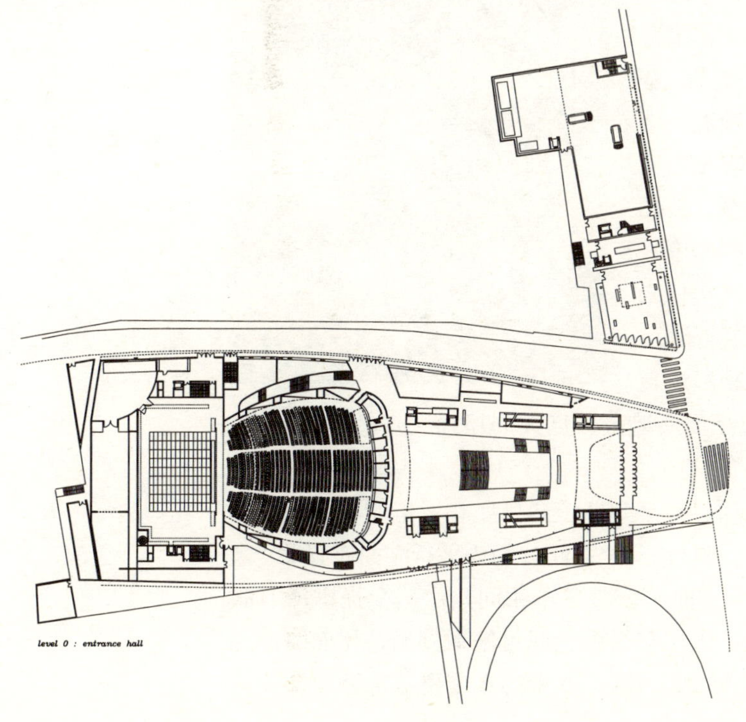

图 2–77
图尔会议中心一层平面

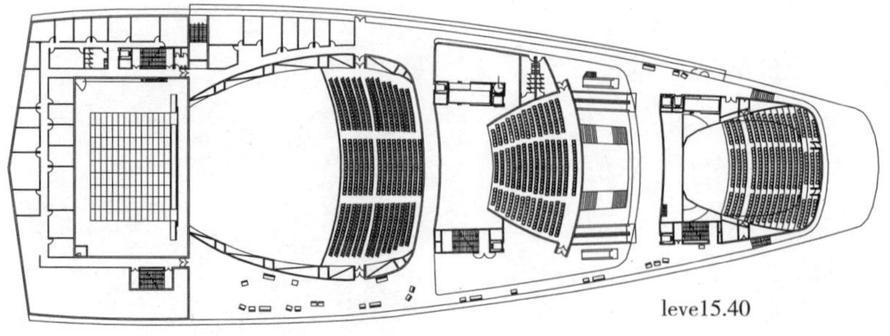

图 2–78
图尔会议中心 5.4 米高程平面

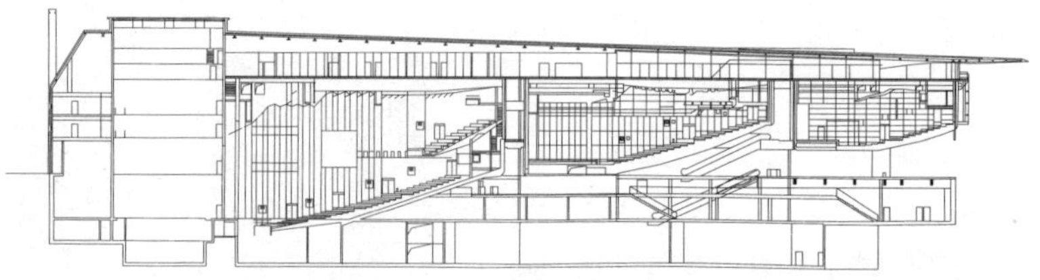

图 2–79
图尔会议中心剖面

启了让·努韦尔建筑创作灵性的源泉。

让·努韦尔的代表作品，瑞士新卢塞恩文化会议中心是位于卢塞恩湖畔的原文化中心的改建竞赛的一等奖方案。基地位于卢塞恩湖变窄且进入城市的地段，东北两侧临湖，原为船坞。新礼堂呈船型，斜插到大屋顶下——巨大的船坞好像深处有什么东西，其实什么也没有：虚空、庇护与神秘性。整个建筑物被一个似乎飘浮于天地之间的巨大金属屋面所遮蔽，巨大的屋顶一直悬伸到湖岸。该中心包括三个平行的四方体—— 一个 1900 座古典音乐厅、一个 900 座多功能演出厅、一个 300 座会议厅和城市的现代艺术博物馆（图 2–81 ~图 2–84）。三个大厅分别为平行湖面布置的“盒子”，其形状、尺度、质地、色彩各不相同，由一个提供所有服务的横向空间相连接。大厅与屋面之间可俯瞰湖面，屋面变薄并出挑。屋顶最远处为 45 米，并以 70 米的宽度覆盖部分北侧的广

图 2–80
图尔会议中心室内楼梯局部

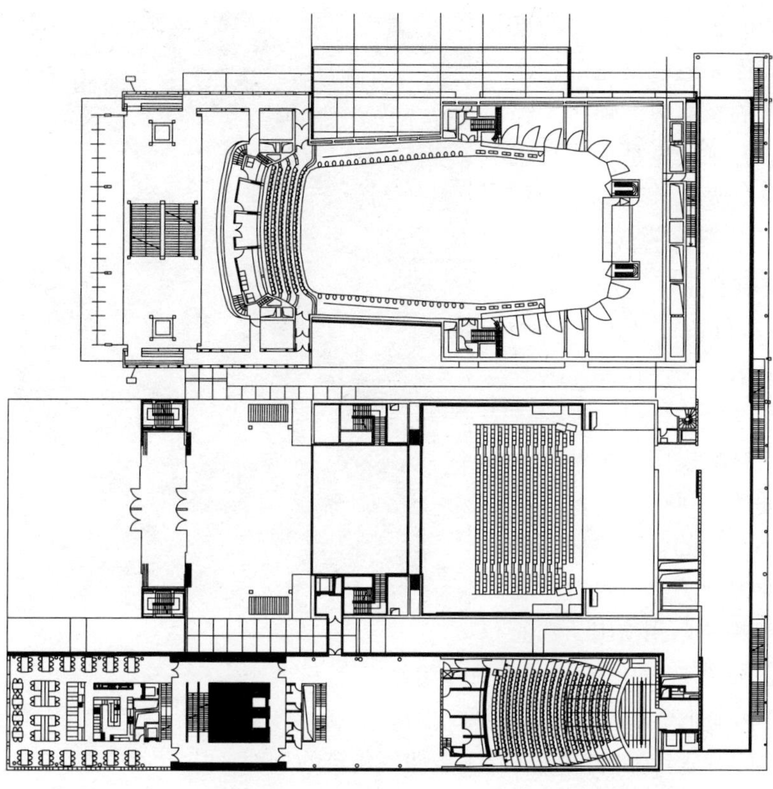

图 2-81
新卢塞恩会议中心
一层平面

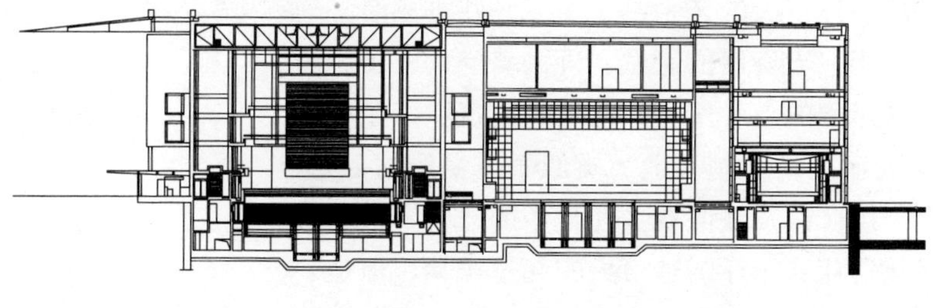

图 2-82
新卢塞恩会议中心
剖面一

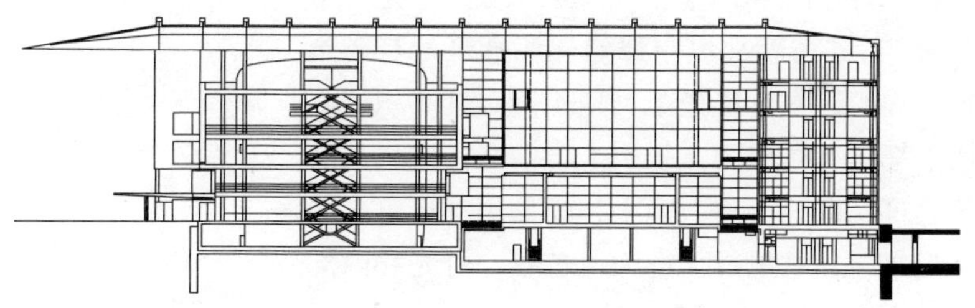

图 2-83
新卢塞恩会议中心
剖面二

场与码头。屋顶底面的铝板捕捉湖面的反射天光，并使三个大厅沐浴在反光中。这种颤动与如帆般轻薄的屋面边缘强化了轻风掠过湖面的效果。音乐厅像是一件超级乐器，人们可以在反射光线的神秘阴影里倾听着它所发出的各种美妙的音乐。

图 2–84
新卢塞恩会议中心局部外观

丹麦哥本哈根交响音乐厅(Symphony Hall）是让・努韦尔负责设计，在 2009 年 1 月建成并投入使用的一件作品，为丹麦公共广播公司 DR 设计，具有很强的神秘性。作为丹麦国家交响乐团的基地，这座音乐厅的建筑面积约 5000 平方米，分为四个单独的、大小不同的音乐空间。其中音乐厅最大，有 2800 平方米，可容纳观众 1800 人，适合大型交响乐团演出。其他三个剧场坐席较少，分别为 540 个、200 个和 170 个。[32] 三个小剧场独特的设计和结构为小型室内乐、爵士乐、摇滚、流行音乐、合唱以及各类创新性的音乐作品的演出创造了条件。建筑的外观简约，整体被包裹在明亮而又蓝色半透明的外表皮内，仿佛是以天空为底而雕刻出来的一件巨大的艺术品，多了一些神秘浪漫的奇幻；夜晚其表面映射出蒙太奇般的影像，外围墙壁构成了一个半透明的屏幕，上边展示出的各种图案，为这座建筑增添了生机和活力。音乐厅内部大厅以全木制打造，类似于蜂巢般的 15 个阶梯状的分隔式观众坐席区以及镶嵌在大厅正中的舞台，都给人以视觉上的震撼。虽然这座音乐厅的造价大幅超过预算，但是一度得到评论界的认可。《纽约时报》曾经称它是“漂亮的充满情感的圣殿，似乎是无国界的世界中留下的一角乌托邦。”[33] 让・努韦尔曾这样评论这座建筑：“在新邻里中修建一座建筑是有风险的。由于未来不确定，我们的唯一选择是利用不确定性的积极因素：神秘……神秘从来都具有诱惑力，吸引人们前来。它将是一座让你猜想其内部的建筑，是一座白天晚上都焕发出神秘色彩的平行六面体。夜晚来临之际，这里成为影像、色彩、灯光和内部生活表现力的场所”[33]（图 2–85 ～图 2–88）。

人类生活的需求是多方面、多层次的，既有物质的，又有精

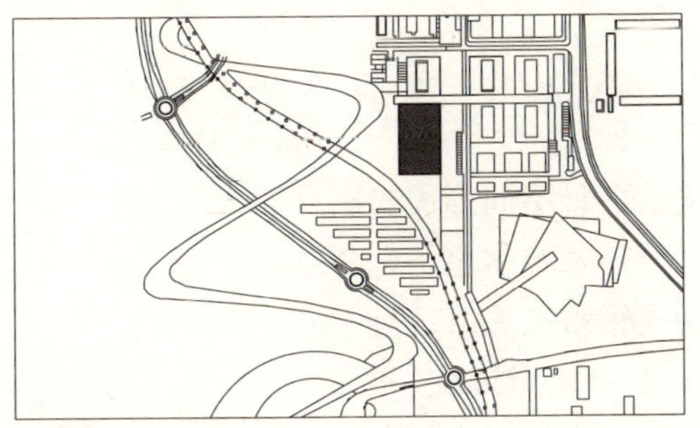

图 2-85
哥本哈根音乐厅总平面

图 2-86
哥本哈根音乐厅外观

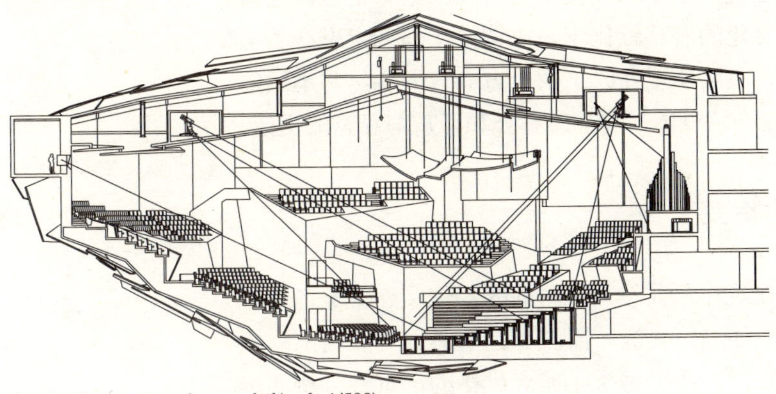

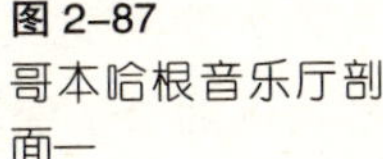

图 2-87
哥本哈根音乐厅剖面一

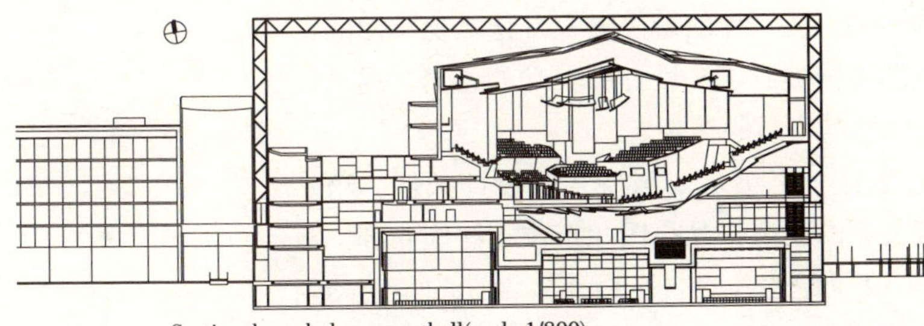

图 2-88
哥本哈根音乐厅剖面二

神的。让 · 努韦尔在进行建筑创作的过程中，既考虑到建筑实际的物质功能，还认真玩味建筑的非功能性的艺术感受。新时代的建筑设计不再局限于实用、经济、美观的经典设计原则，而是涉及文化、社会、生态等广泛领域的诸多问题。让 · 努韦尔对建筑艺术多元化内涵的探索，展示了新时期建筑的审美价值，具有重要的时代意义。

五、技术艺术的逻辑辩证

技术与艺术的紧密结合为建筑师设计建造各种不同形式的建筑开辟了新的天地。在建筑创作的过程中，让·努韦尔总是充分地调动主观能动性，努力探索技术与艺术的逻辑辩证关系。对于技术和艺术，忽略任何一方都是不可取的，二者是辩证统一的。让·努韦尔以哲学思辨的视角看待建筑空间和形式的创造，设计出具有个性的、生机勃勃的建筑作品。信息社会到处充斥着复杂性，让·努韦尔的建筑风格令人捉摸不定，原因之一是他的建筑作品是在一定时代文化的潜移默化下，协调技术与艺术融合关系的产物。具体而言，主要体现在以下四个方面，即偶然与本质的转换、抽象与具象融合、整体与局部的整合和开放与私密的交流。

1. 偶然与本质的转变

让·努韦尔的建筑作品往往是对瞬间的物化，而不是追求一种永久的模型。就像冲浪、帆板、漂流等运动通过驾驭当前的偶然情况而带来快感一样，让·努韦尔摒弃风格的一贯性，将偶然变成设计的本质。他往往通过对建筑基地条件进行具体分析，找到协调偶然与本质的多种潜在条件的解决方式。让·努韦尔的设计思维及其敏锐，他能够捕捉到建筑设计中灵动的要素，通过技术与艺术的融合实现偶然与本质的转变。

图尔市会议中心是让·努韦尔依照特定的设计条件，巧妙处理偶然与本质转变关系的代表作品。图尔市位于法国北部，灰白色调的会议中心与19世纪由拉鲁（Laloux）设计的华美的新古典主义风格的火车站两者之间形成了对比和互动的交流。该会议中心地处城市中心地段，隔一个公园就是古朴的市政厅和街心花园。法国规划部门要求新建筑的设计高度不得超过周围四五层高古香古色的老建筑群，同时还有景观视觉要求等诸多限制和规定（图2–89）。让·努韦尔在该地段上放置了一个灰白色金属表面、容量巨大的椭圆形建筑并且作出了文脉上的应承。灰白色的色调，高挑怪异的出檐，令人眼花缭乱的抛光铝板、钢板，时而开敞，时而封闭，时而透光，时而反光……一切看起来都那么自然，仿佛是偶然中的必然。在这项设计中，各种复杂的元素交织在一起，展现了瞬间和永恒交融的魅力。

图 2–89
图尔会议中心全景

让·努韦尔在维也纳煤气罐A改造设计中，成功地驾驭了建筑的偶然性和本质性的联系。维也纳城郊西蒙厄伯格（Simmering–Erdberg）地区有4个巨大的煤气罐建筑，是这个地区的重要地标之一，也是见证奥地利早期工业化辉煌的重要遗产。这4个储气罐是欧洲规模最大的，高236英尺，直径213英尺。1899年，它们被建立起来以储存煤气，为城市公共照明系统服务。一直延续到奥地利将全国的煤气供应改为了天然气，至1981年停止使用。1995年，市议会提出一项重新利用储气罐的建设工程方案，将其改造成一个集社会住宅、学生宿舍、购物中心和音乐厅的综合体。综合体包括1072平方英尺的公寓，四座建筑中每一座都有128间公寓，让·努韦尔负责对煤气罐A进行改造设计。[34, 35]让·努韦尔完整地保留了原有建筑的围护结构，如砖墙、玻璃穹顶、拱窗以及建筑构件细部，作为它那个时代的印证（图2–90～图2–93）。同时让·努韦尔还做了一系列改造设计——为使设计作品更加经济，在最初18层设计的基础上又增加了9层，而且在第十四层之上建有公寓。这些内部建筑物的外表面与原有建筑外墙的内表面相分离，从而提供了竖向的交通空间。直径229.6英尺高的天井，可使阳光直接从穹顶上射入。连接着4座煤气罐的商业中心被玻璃穹顶覆盖，周边围绕着大量的绿化。很明显，内部的空间才是主要的立面，每一部分都可以看到外部景观，或是直接通过砖墙上的窗户，或是通过各部分之间的

图 2–90
维也纳煤气罐改造侧剖面

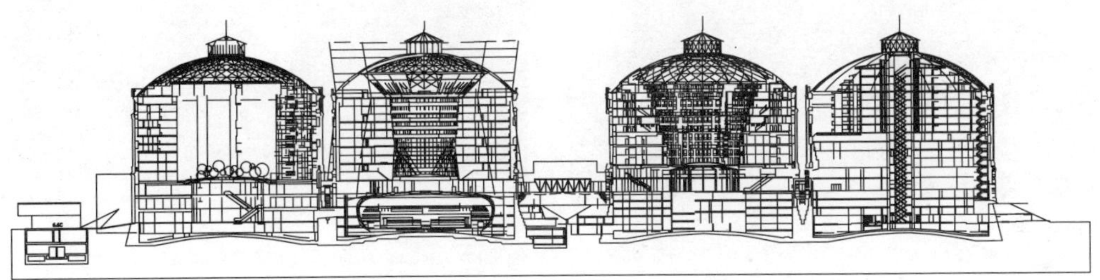

图 2–91
煤气罐 A 剖面

图 2–92
煤气罐 A 改建外观

图 2–93
煤气罐 A 改建内景

内部空间。此外，各部分的玻璃侧墙产生了一系列的反射，这些反射创造出迷幻、光亮的空间效果。在这个方案中，让·努韦尔设计了一系列的片段空间，使得建筑在偶然与本质的变化中形成一种互动的平衡。

此外，德国柏林拉法亚特（Lafayette）精品廊是一个将圆锥体作为建筑标志的例子，连续的竖向空间与其他空间不时地关联，产生一种偶然的不连续性，这种强烈对比的空间序列制造了建筑实体的复杂性。在柏林的弗里德里希大街（Friedrichstrasse）和法国大街（Franzosischestrasse）转角处建造一幢百货公司，将是一件非常吸引人的事。这个设计是具有深度和层次感的，让·努韦尔1995年在米兰演讲中说，"光的概念，深度的概念，用符号的手法强调商业的概念，在拉法亚特精品廊建筑中重现。"[4] 非物质化的、无材质感的转角，使得驾车者或行人在街上能够直接看到建筑的中心，那里有发光的圆锥体，在彩色的光线下闪动（图2-94～图2-98）。中央区的巨大的圆锥形的采光井穿过办公部分的楼层一直到达建筑的底层。商店区的圆锥体以一种相反的形式被重复，一个反向的大圆锥体既作为室内的采光井，又可以作为

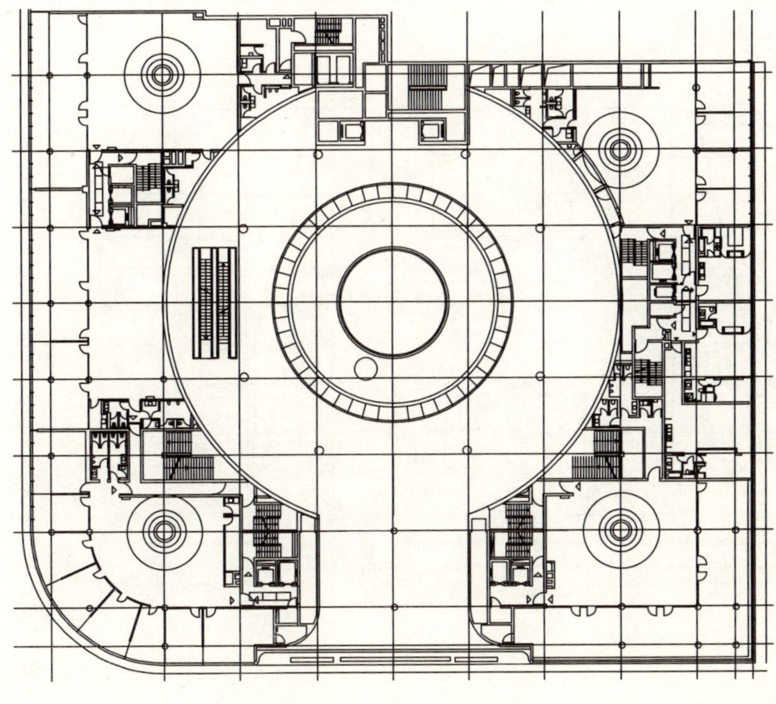

图2-94
拉法亚特精品廊二层平面

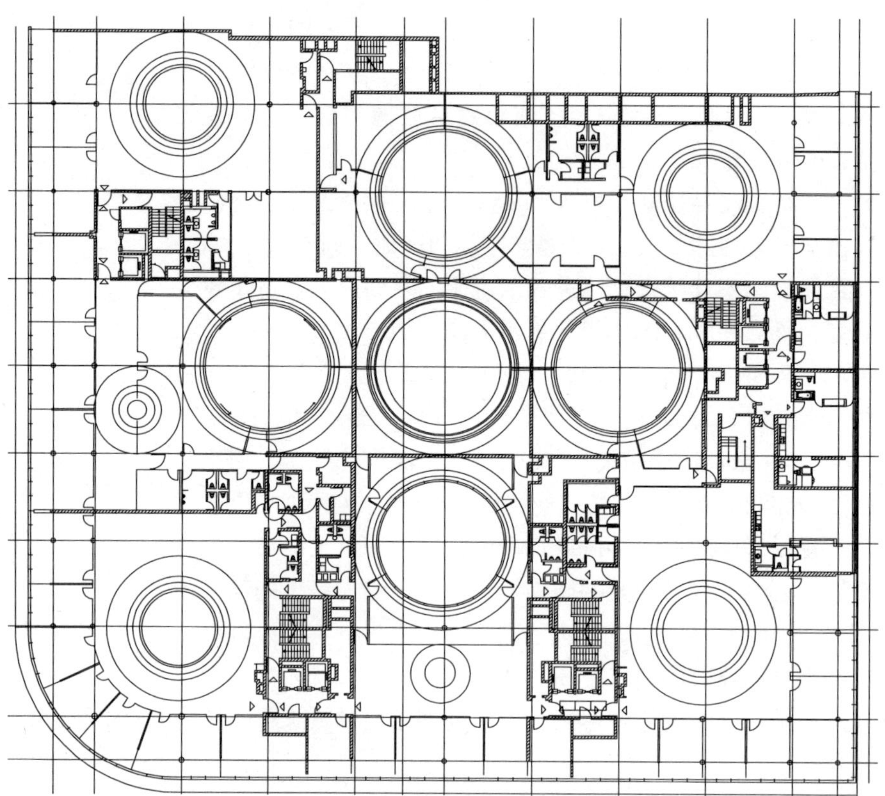

图 2-95
精品廊五层平面图

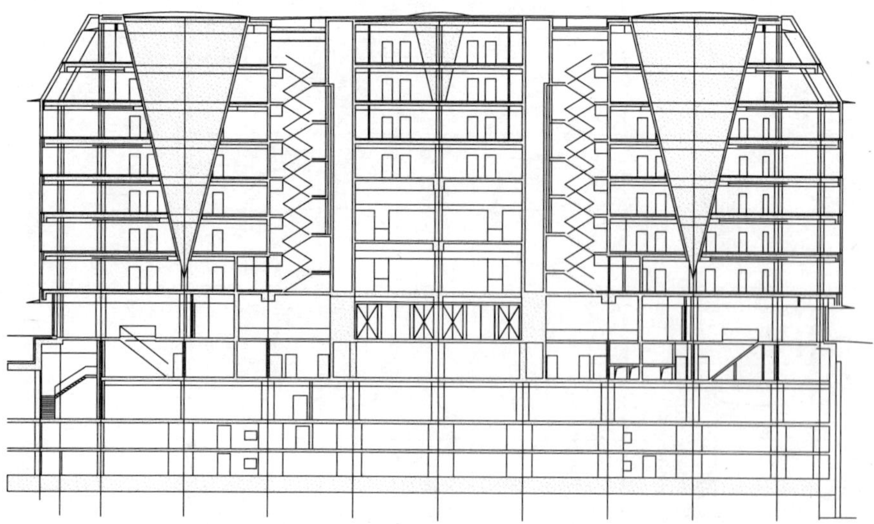

图 2-96
精品廊剖面一

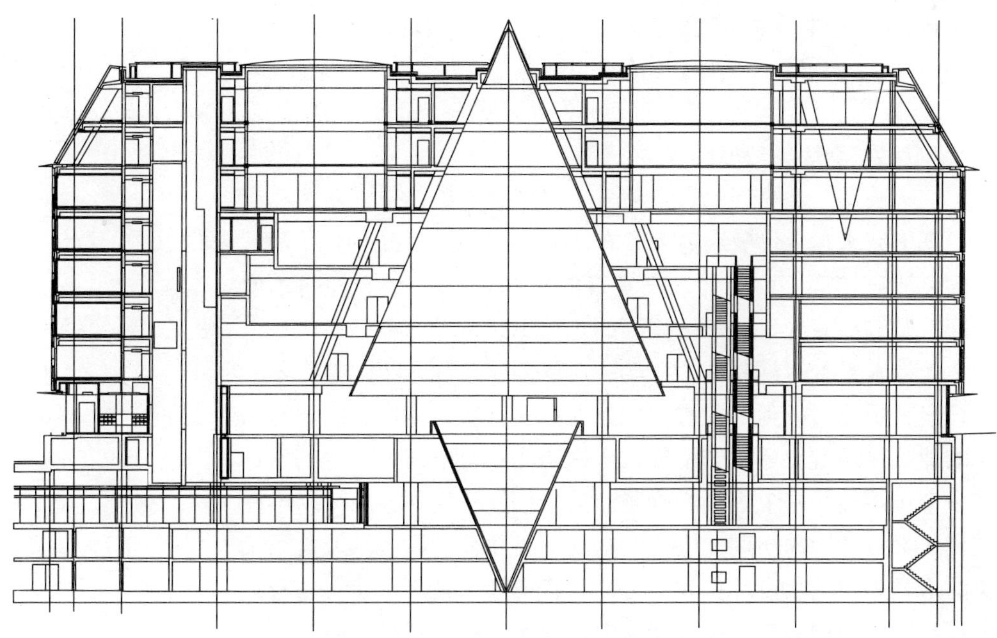

购物者的一个参照。显而易见的。它使得购物者可以看到商店的其他层，每一个人都能够在任何给定的时刻知道他们在哪儿、他们去哪儿。室内和室外都可成为投影屏：室内向上开口的圆锥体被用作投射屏；夜间，商店层外立面上的巨大的面板和条带成为演示图像和信息的屏幕。办公区的玻璃圆锥和圆柱从屋顶以下穿过顶部的 4 层楼面，为建筑内部的办公室提供自然采光。这座建筑创造了不同的几何形和光线，并与气候、时间及影像传递的本质相联系。

图 2-97
精品廊剖面二（上）
图 2-98
精品廊之玻璃圆锥体（下）

上述的分析表明，让 · 努韦尔强调建筑设计中的不同空间位置与不同路径的联系，他以一种新的方式满足建筑创作的复杂要求。让 · 努韦尔的建筑创作是个性化的、自然的、富有神秘意味的，这与他力求在遵循建筑基本原则的前提下，勇于探索建筑设计的各种可能，最大限度地挖掘建筑艺术表现力的精神是分不开的。让 · 努韦尔日常丰富的知识储备、灵活的思维方法和长期的奋斗实践为偶然性得以发挥艺术价值打下了坚实的基础。偶然性与本质性的结合是让·努韦尔将技术与艺术结合的策略之一。

2. 抽象与具象的融合

西方艺术在古代极端追求逼真，发展到近代又极端追求抽象。中国艺术则不同，中国艺术既重写实又重写意。“妙在似与不似之间”是齐白石先生对中国绘画的艺术思想精辟的概括，也是中国传统艺术共有的哲理。[36] 作为一名法国建筑师，让·努韦尔在建筑设计中能考虑到具象与抽象兼而有之，实在难得。让·努韦尔的建筑作品就像枣核的中部，枣核两头小，中间大，中部不存在一个极端或另一个极端的问题。关于抽象一词并不陌生，早在现代主义设计运动初期，俄国的构成主义和荷兰风格派就是用抽象的形式表现现代设计。我们可以这样理解，具象是建筑自身的表现形态，而抽象是建筑空间的组织关系、情感意义等有意味的形式表达。

让·努韦尔认为平庸的城市需要极具象征意义的建筑形象的介入使之恢复活力。建筑艺术不同于其他视觉艺术如绘画、雕塑等，它更多地依赖其形体与空间的几何关系与组合布局，以及结构类型、新技术手段的运用等等，即建筑更多地依靠人们的抽象审美趣味。对于有象征含义的建筑形象，只要运用“三分具体，七分抽象”的艺术手法，建筑就能得到充分表现。让·努韦尔常常从社会伦理、精神象征等方面来加强建筑的美感和涵义。奥斯卡·王尔德（Oscar Wilde）曾说，“凡艺术，都既是一种表象，也是一种象征。”[37] 让·努韦尔将传统建筑模式的整体与局部概括并适当改造，与现代功能要求及物质技术条件相结合，以抽象和具象相结合的方法再现传统。

建筑的象征性，是通过一种事物联想到另一种事物，通过具体达到抽象，是“意”与“象”的统一。2006 年，在巴黎塞纳河边建成一座由让·努韦尔设计的艺术与文化博物馆——盖·布朗利博物馆。这个方案是让·努韦尔在一次有多位建筑大师参加的设计竞赛中胜出的作品，参赛者还有彼得·埃森曼、诺曼·福斯特和安藤忠雄等世界级建筑师。该博物馆用于收藏来自亚洲、大洋洲、美洲和非洲的原始艺术作品。让·努韦尔的理念

图 2-99
盖 · 布朗利博物馆

是力图使新建筑消融于自然环境中。一片繁茂的树林几乎占据整个地段，以营造出静谧而神圣的气氛（图 2-99）。展览建筑从树林中升起，起支撑作用的圆柱仿佛粗大的树桩。同时，让 · 努韦尔还在塞纳河一侧立起一堵 16.8 米高的玻璃墙，作为阻挡城市嘈杂景观的屏障。让 · 努韦尔根据自然环境建立起抽象和具象之间的内在联系，使其设计充满活力。建筑常被形容为凝固的音乐，在这个设计中这个观念体现地惟妙惟肖。这个建筑的外形、色彩、材料、结构等都给人的感官以刺激，跳动的线条和色彩就像音符一样构成优美的旋律，给人带来一种特殊的美感。

建筑常常通过建筑本身具体的形象传达一定的精神意义，人们在对建筑的感知和体验的过程中抽象出某种联想或想象，从而得到某种精神形象，这便是建筑文化中具象和抽象的融合。让 · 努韦尔设计的瓦勒 · 圣母院外科诊所（Val Natre Dame Medical Clinic）建于巴黎郊区的枯燥无味的地段。它的扩建部分包括隔离间、产妇病房、产妇康复病房等等。因为隔离的病人、产后年轻的母亲在这里只停留短短的一段时间。因此诊所被认为是一个变迁的地方，一个旅馆、一艘船或是一列火车。诊所外部的金属板、桅杆、人行桥、栏杆等都唤起人们对汽船的回忆。诊所内部多节的木门，走廊雕刻的顶棚，被大螺栓固定的圆形家具，都暗示航海船配件或火车上的卧车箱（图 2-100）。这个诊所激

图 2-100
瓦勒 · 圣母院外科诊所室内

起人们的好奇心和新鲜感，为病人提供一个具有安全感和舒适性的特殊场所。让·努韦尔在这幢建筑的设计中体现了抽象与具象的融合、形象与情趣的契合、情与景的统一。

由此可见，建筑艺术可以折射出一个时代的文化精神、展现地区民族的共同观念和特定的生活世界。让·努韦尔从人文历史和建筑环境出发，运用象征的手法创造出具有时代气息的建筑作品，表现出较高的审美价值。与传统只注重建筑本体的设计不同，让·努韦尔利用现代技术塑造了高度简化的抽象形式，在建筑设计中有机地融合抽象与具象的表现形态，这在思维方式和设计观念上都可谓发生了质的飞跃。抽象与具象的融合是他将技术与艺术结合的策略之二。

3. 整体与局部的整合

建筑的整体与局部是相对而言的，整体是强调建筑在宏观尺度上的特征，而局部更多地指的是建筑在微观尺度上的构成和特点。奈尔维曾说，“我的所见表明了无论何时何地一个建筑的普遍规律，它所满足的功能要求、建筑技术、建筑结构和决定建筑细部的艺术处理，所有这一切，都构成了一个统一的整体。只有对复杂的建筑问题肤浅化才会把这个整体分化为互相分立的技术方面和艺术方面，建筑是而且必须是技术与艺术的综合体，而并非是技术加艺术。”[38]受到结构主义思想的影响，让·努韦尔强调建筑设计中整体与局部的整合。让·努韦尔曾说，“它有什么样的故事，周围环境气候，当地的文化风土，客户的期望，规则，市民喜欢什么样的东西。我需要仔细分析，不是别的，就是每个生活在其中的人，他们是一种文明文化的产物。我出生在第二次世界大战后。这期间最重要的文化运动就是结构主义。”[39]一方面，他尽量使建筑整体和局部两个层次拉开距离，随着距离的增大而推进对建筑的认知和体验；另一方面，让·努韦尔将建筑整体元素和局部元素融合起来，使它们和谐共处。让·努韦尔的建筑作品体现了局部与整体有机统一的辩证关系。

局部作为整体的一部分，是相对于建筑整体的形体与空间而言的。让·努韦尔的建筑创作是一个从整体到局部再到细部不断推敲和逐步完善的过程。他不仅着力于建筑设计的整体构思，还精心把握建筑的局部乃至细部。首先，让·努韦尔以整体与局部的整合来表达复杂性。建筑是由各种要素综合影响整体的，这些要素包括结构、空间、功能、形式、环境、经济等等，它们是建筑师在设计建筑时必须考虑的要素。让·努韦尔的设计任务就是协同系统中各要素，塑造建筑独特的综合性气质。对于重点要素的选择，让·努韦尔向来是认知谨慎和仔细推敲的。如在他设计的南特法院、里昂新歌剧院、卢塞恩文化中心等建筑作品中，光、影、空间要素相互交织，它们共同表现了建筑整体的复杂性和艺术魅力。正如罗伯特·文丘里在强调建筑师对待建筑风格与形式问题时，提出宁可“杂乱”也不要“纯之又纯”的论断一样，他们的共同目标是通过局部与整体的整合，创造一种丰富的人工环境。康威·劳埃德·摩根曾作出这样的评价，“让·努韦尔的建筑通过它们在视觉形象或者技术复杂性范围内的目的上的一致性吸引我们的注意。他的建筑创作出的形态序列——从远观到细部，从它的布局、比例和室内要素的联系，体块和立面的处理，色彩和光线的运用——经常与建筑的目的和功能很和谐地并行：很多世纪前被维特鲁威引证的实用、坚固、美观的品质。”[4]

其次，对于让·努韦尔而言，局部和整体同样重要，他常常通过创造一种临界状态空间而达成局部与整体的整合。让·努韦尔正确识别、理解与包容建筑与环境之间的形体和肌理关系，使建筑与基地、文脉相适应，创造出一种极具张力的构筑于一致的整体秩序内的局部空间。这里的“张力”得益于让·努韦尔对非物质性的追求。让·努韦尔曾这样解释张力的概念，“一种陈述物体和它的临界状态的方式，我用这种方式表达的意思是张力，是要素间一种精密的、明确的联系。清晰明白，没有矛盾，我很厌恶没有张力的建筑：它们看上去是中庸的，无组织的，是随机的而非目标明确的。”[4] 如让·努韦尔设计的斯特拉斯堡酒店的方案体现了这种局部和整体的双重策略。该建筑位于一个 8 米 × 40 米的狭长地段，连接着格兰德大街和一个广场。这个建筑的拱顶由玻璃砖建造而成，保证建筑在白天可以获得柔和的自然光线（图 2–101，图 2–102）。沿街长长的立面是覆盖着半反射玻璃的墙面，墙上透射出一些广告屏幕和标识。这里的墙面模糊了空间的边界，图像的半反射和折射构成了公共空间的一大特色。在地下室内，一个长长的半反射玻璃墙被平行放置，使得空间充斥着一种神秘感。整个建筑协调了建筑各要素与场所和时间的关系，充分地发挥了材料的潜力，表现了独特的艺术气质。

此外，让·努韦尔的建筑作品之所以耐人寻味，很重要的一点就是精致的结构节点。细部不只是一个小的形式，而是建筑意义表达的重要要素。譬如，随着新技术的大力发展，建筑类型也不断扩展，金属材料在建筑中应用的也越来越广泛。让·努韦尔设计的波尔多市圣詹姆斯饭店、法国国家技术科学信息研究所办公楼等作品都是将整体的设计构思和精致的细部节点紧密结合的实例。金属材料和结构节点往往力求交接的精细，比例优美，充分表现了金属的细腻、光洁的质感。使建筑无论从宏观还是从微观，无论从人的尺度还是从人的视角，都能给人以美的享受。而且这些金属结构细部更能表达现代材料的材料特征，展现材料美、技术美，常常有令人震撼的效果。整体与局部的整合是让·努韦尔将技术与艺术结合的策略之三。

图 2-101
斯特拉斯堡酒店一

图 2-102
斯特拉斯堡酒店二

4. 开放与私密的交流

在西方，哲学更多地表现为以理性思维为基础的非此即彼二元论，从笛卡儿（Rene Descartes）的物质存在与精神，到康德（Immanuel Kant）的事物与现象、自由与宿命哲学思想。西方理性主义者把世界的一切存在物体都分为是与否、内部与外部、精神与肉体、必然与自由等对立现象，其间没有暧昧的中间领域。这种二元论的思维方式反映到建筑领域，可以将建筑分解为实体与空间、内与外、实与虚、开敞与闭阖等多层次内容。对于让·努韦尔而言，以往的那种单纯追求有序、精确、简单的观点是不全面的，城市需要内外相互交融渗透的弹性空间。边界的柔化和模糊使得联系建筑内部和外部空间之间有一个缓冲区域，这一区域的介入连接了开放与私密，获得了层次丰富的、内外渗透的、连续的过渡空间。

在尼姆试验住宅的设计中，让·努韦尔通过制造建筑空间的开放与私密的交流，为人们创造了一种舒适宜人的场所环境。这个住宅位于一个苗圃地段内，为了迎合地中海的气候特点和生活方式，让·努韦尔要求其对外部的最大开放。此外，为了把居民的日常生活区扩展到室外，他还采用长长的楼梯平台以及在公寓立面开设了宽大尺度的车库门。同时，公寓采用独立式，有17种户型，满足了住宅建筑对私密性的要求（图2–103）。因而，让·努韦尔通过该住宅设计实现了建筑空间的开放性和私密性的交流和平衡。这个建筑在内部空间与外部空间的相互交流和协调中，创造出复杂的人性化空间环境，满足了人们各种心理行为的不同需要。

让·努韦尔设计的南特法院又一次诠释了公开性与私密性的交流。入口处24米进深的宽大敞廊为人们提供了面向河水的半遮蔽性的公共空间。入口敞廊与门厅之间以全透明的玻璃墙面加以分隔，通透的立面可以满足人们在室内外空间的连续交流（图2–104）。进入门厅后是三组由不同法庭组成的功能体块，以后为一个狭长的内庭院。这种布局形成由公共空间向私密空间的过渡，空间与界面的透明度与尺度也随之转变。在南特法院的设计中，透明的建筑表面并非只是解决视觉问题，它同时也是将开放与私密相互交流以及建筑与环境彼此联系的重要手段。

图2–103
尼姆社会住宅（左）
图2–104
法国南特法院（右）

让·努韦尔在维希设计的一个新的温泉治疗中心也是一例，它是给一个旧城镇带来一种现代感的建筑设计。这个建筑的地段被一条宽阔的林荫大道隔开，在林荫大道的正面，一个大的拱形圆顶创造了一个强大的城市大门的象征。这个建筑由两个平行的功能区组成：一个作为疗养院，另一个作为公寓，两者具有一定的私密性。两个功能区用一个有顶的廊桥连接，上面设置的是两个游泳池，因而具有很好的开放性（图 2−105）。让·努韦尔通过采用不同质感的玻璃，营造建筑和自然相互渗透的效果。光线透过玻璃窗产生彩虹般的色彩，映衬着地面狭窄的流动的水流，光色和水流的交织缠绕加强两者之间的交流。这里，让·努韦尔采用半开敞的形式使空间相互渗透，形成外部与内部之间的中间领域，实现建筑与环境的共生。

图 2−105
维希温泉治疗中心模型

上述实例表明，让·努韦尔非常注重建筑与城市空间的连续、衔接关系，关注人们物质与精神的多元化需求以及公共空间场所的塑造。随着现代城市空间体系以及城市职能的日趋复杂，建筑空间正在突破自身的封闭状态，建筑空间与城市公共空间相互融合、相互渗透已成为时代的要求。混沌学的理论思想表明，我们的世界是一个有序与无序伴生，确定性和随机性统一，简单与复杂一致的世界。这一思想在建筑设计领域得到了足够的重视，让·努韦尔对非物质性和复杂性的追求很好地诠释了新时代建筑的空间特质。开放性与私密性的交流是让·努韦尔将技术与艺术结合的策略之四。

建筑师皮埃尔·奈尔维（Pier Luigi Nervi）在《建筑的技术与艺术》一书的开篇中讲到，“一个技术上完善的作品，有可能在艺术上效果甚差。但是，无论是古代还是现代，却没有一个美学观点上公认的杰出建筑在技术上不是一个优秀作品的……未来的建筑师们将会发现自己面临着日益复杂的技术问题和结构问题。”[40]这说明在建筑设计中技术和艺术同等重要，技术是基础，艺术是升华。作为 20 世纪后半叶以来的杰出建筑师之一让·努韦尔一直致力于以先进的科学技术为手段，塑造建筑的诗意和美感，进而实现技术理性与艺术浪漫的融合的设计目标。

注释：

[1] 吴焕加．论现代西方建筑．中国建筑工业出版社．1997：168

[2] 苏珊·朗格著．滕守饶译．艺术问题．中国社会科学出版社．1983：69

[3] 张斌.Jean Nouvel：感觉世界中的冲浪者．建筑学报．2000，10：12~15

[4] 康威·劳埃德·摩根著．白颖译．让·努韦尔：建筑的元素．中国建筑工业出版社．2004：43；74；178；181；141

[5] http://www.pritzkerprize.com/full_new_site/medal.htm

[6] Oliver Boissiere.Jean Nouvel.Birkhäuser Verlag.1996：80~81

[7] http://www.archblog.cn/archives/19557

[8] 黑格尔著．朱光潜译．美学（第一卷）．商务印书馆．1996：119

[9] http://www.suncal.com/news/view.php?id=94

[10] http://www.pritzkerprize.com

[11] http://www.archicentral.com/tour-de-verre-53-west-53rd-street-new-york-usa-jean-nouvel-10589/

[12] http://www.rebnet.com.cn/dk_show.asp? Shoe News_ID=147

[13] http://news.sina.com.cn/c/cul/2008-04-09/110215321063.shtml

[14] 大师系列丛书编辑部．让·努韦尔的作品与思想．北京：中国电力出版社．2006：8~12

[15] 潘秀通，万丽玲．电影艺术新论——交叉与分离．北京：中国电影出版社．1991

[16] 雷鑫. 让·努韦尔: 影像与建筑的对话. 电影评介. 2007，6：74~76

[17] http://forum.unionfacade.com/archiver/?tid-8565.

html

[18] 王曦彤．解析蒙德里安的新造型主义．科教文汇．2006，6：171

[19] 吴凤鸣．让·努韦尔：寻找建筑中缺失的那块拼图．风尚周报．2008，8

[20] 李翩，薛皓东译.Jean Nouvel．台北：圣文书局有限公司．1999：35

[21] 王晓静，王润生．建筑中的技术、艺术及文化关系探析．华中建筑．2004，5：3~5

[22] 吴良镛．国际建协“北京宪章”．第12届国际建协UIA北京大会科学委员会编委会．1999

[23] 渊上正幸著，覃立等译．世界建筑师的思想和作品．中国建筑工业出版社．2000，3

[24] 张育南．马德里瑞娜·索非亚国立现代艺术中心扩建工程．建筑知识．2007，4：56~58

[25] 徐千里．创造与评价的人文尺度．中国建筑工业出版社．2000：205

[26] Tegethoff W. Mies van der Rohe. The Villas and Country Houses. translated by Russell M. Stockman. New York：Museum of Modern Art. 1985

[27] Gyorge Kepes. The Language of Vision. Paul Theobald，Chicago. 1944：77

[28] Victotia Versicherungen. Jean Nouvel—Emmanuel Cattani And Associates，Four Projects. Artemis Verlags-AG，Zurich. 1992：7~90

[29] 周祥，邓燕嫦．功夫在建筑外．中外建筑．2001，2：29~31

[30] http://baike.baidu.com/view/65218.htm

[31] 歌德著．程代熙，张惠民译．歌德的格言和感想集．中国社会科学出版社．1982：26

[32] http://www1.chinaculture.org/gjdt/2009-01/20/content_320292.htm

[33] http://jiaju.sina.com.cn/bj/design/09223617.html

[34] http://photo.zhulong.com/renwu/myphoto.asp?

m=61&id=22440

[35] http://www.abbs.com.cn/media/cks/200801/adl.pdf

[36] 李道增．“新制宜主义”的建筑观．世界建筑．1998，6：76~79

[37] 约瑟·皮埃尔．象征主义艺术．人民美术出版社．1988，12:1

[38] 刘先觉．现代建筑理论——西方现代建筑装饰理论．中国建筑工业出版社．1996,10:5，537~560

[39] http://www.nanfangdaily.com.cn/fszb/200808180143.asp

[40] 奈尔维著．黄运升译．建筑的艺术与技术．北京：中国建筑工业出版社．1981

第三章　经典语汇与现代修辞的融合

建筑师让 · 努韦尔对“建筑语言”津津乐道，他擅长将一系列为语言学专用的名词，如语汇、修辞、句法等等恰当应用到建筑领域之中。因此，建筑语言为让 · 努韦尔提供了一种传达建筑诗意的特有方式。关于建筑语言的提法，最早可以追溯到1745年，杰曼 · 博弗兰德在《论建筑篇》中写到：“线脚以及其他组成一座房屋的部件对于建筑，就如单词对于语言一样”[1]，这是用语言的规则性来比拟建筑各部分之间关联性的最早尝试。1860年，塞札 · 戴利(César Daly)提出了“建筑是一种语言”的命题。[1]戴利认为，只有把建筑看成是可以用语言来表现的，并且又掌握了用各种语言来表现建筑的本领，建筑师才不会被一种建筑风格所束缚。随后，建筑语言概念的运用逐渐活跃起来，一些建筑师开始尝试用语言学解释建筑学领域的诸多事件或现象，如亚力山大的模式语言、阿尔多 · 罗西的图像语言等等。

建筑语汇，在狭义上是指建筑语言中的最小单位，诸如门、窗、梁、柱等等，是构成建筑形式的基本构件；在广义上则是包含形式、空间、材料、构造、光线等内容的语汇。对于让 · 努韦尔而言，建筑语汇侧重于后者。让 · 努韦尔通过对经典语汇的巧妙运用和搭配，以及对建筑本体、建筑文化、建筑艺术等不同方面的关注，实现了建筑在其所处的自然环境和人文环境中展示出独特风格的设计宗旨。让 · 努韦尔的建筑作品之所以引人注目，在于他能够运用灵活多样的修辞手法表现建筑，使建筑真正地丰富和饱满起来。正如恩斯特 · 卡西尔 (Ernst Cassirer) 所说，“艺术王国是一个纯粹形式的王国。它并不是一个由单纯的颜色、声音和可以感触到的性质构成的世界，而是一个由形状与图案，旋律与节奏构成的世界。从某种意义上可以说一切艺术都是语言，但它们又只是特定意义上的语言。它们不是文字符号的语言，而是直觉符号的语言。假如一个人不懂得这些直觉符号……他不仅被剥夺了审美快感，而且还失去了接近实在的一个最深刻方面的机会。”[2]

一、经典建筑语汇的运用

在建筑设计构思的过程中，让·努韦尔非常重视建筑语汇的选择和运用。如变幻的光影、通透的墙体、含蓄的窗洞以及飘逸的屋顶，都是他擅长运用的经典建筑语汇。让·努韦尔还特别注重对建筑语汇进行新的演绎，正如他所说，“我不喜欢重复同样的词汇，也不喜欢在地球上每个地方复制相同的建筑。”[3]对于让·努韦尔而言，建筑语汇常常是从环境中衍生出来的，它们赋予建筑以丰富的内容和独特的魅力。

1. 变幻的光影

在让·努韦尔的众多建筑作品中表现了一个共同的、潜在的主题——对光影的迷恋。对于此，让·努韦尔曾这样解释道：“我出生在法国西南部的福梅尔市，那里终日阳光灿烂，我迷恋光，或许是遗传的原因。”[4]光影可以弱化实体与制造的感觉，是让·努韦尔塑造个性化建筑设计的一个重要手段。与其他建筑师不同的是，他常将光与空间、造型、色彩、肌理等融为一体，以一种独特的方式协调光、影和透明度，创造出令人陶醉的、神秘变幻的艺术效果。

让·努韦尔把光看作一种非常重要的建筑材料，无论自然光还是人工光，都被他视为建筑设计中不可缺少的造型要素。让·努韦尔曾有过这样的阐述：“基于固定实体和空间的传统建筑忽略了光的首要性，从根本上说，光使我们能够看到建筑。一些传统建筑缺乏利用光的潜力和光的可变性。对我来说，光是一种物质，是一种材料，一种基本的材料。一旦你理解了光如何变化，以及它如何改变了我们的感知，你的建筑语汇立刻就以古典建筑从来没有拥有过的方式扩大了。一座瞬息即变的建筑成为可能——不

图 3-1
里昂歌剧院夜景(左)
图 3-2
红光下的里昂歌剧院缪斯女神像效果(右)

是因为暂时的结构，而是因为光随时改变着建筑的形态。不仅是通过日光的变化，而且可以通过建筑室内照明的变化，以及通过不同程度的透明和不透明的效果的运用。"[5] 让·努韦尔设计的里昂新歌剧院

图 3-3
歌剧院主观众厅内柔和的灯光效果

(Lyon Opera House) 就是用光塑造新颖建筑形象的一例。这件建筑作品是 1986 年法国第二大城市里昂的旧歌剧院改扩建竞赛的优胜方案，1993 年建成。新加的玻璃墙和玻璃入口与旧歌剧院柱廊的拱券呼应，新观众厅空间的照明光亮并且柔和，人们从外部可以清晰地看到室内效果（图 3-1~ 图 3-3）。各种交通流线的自动扶梯和光亮闪闪的楼梯在光线的作用下更加变幻莫测。主观众厅的入口通道采用红色灯光照明，与暗色的磨光地面产生强烈的对比，创造出神秘的氛围。在公众休息厅的主酒吧间设置现代的镜面反射地板，在金粉华丽的顶棚和设备的照明作用下熠熠生辉。此外，观众厅内每个座位的背后都安装了一盏光导纤维的小灯，这项技术从 18 世纪进化而来，那个时候的剧院在每个座位背后有烛台可以照亮观众的脸。在夜间，室外被红色灯光笼罩，保留在原来建筑立面上的缪斯女神像被打上了红色灯光，尤为醒目。室内的黑、红、金几种彩色灯光照亮了拱顶下演出厅，光线反射在演出厅的光亮的铝板外壳上，令人眼花缭乱。在这里，让·努

韦尔充分尊重歌剧院的演出功能与形式关系，创造出视觉摇滚音乐般的光线效果。无论夜间还是白天，这座含混复杂的建筑形成了这个城市的新地标。

对让·努韦尔而言，光是限定和塑造多姿多彩的建筑空间艺术形象的基础。一方面，光的明暗差异使空间有光影的对比、体量尺度的表达、材料质感的表现，凸显了建筑空间领域的感召力。另一方面，光所产生的柔和、含蓄和出人意料的效果，为行进于不同光影空间之中的人们带来一定的视觉差异及相应的心理起伏感受。因此，让·努韦尔设计的建筑空间可被拟作“流动的音乐”。让·努韦尔设计的卢塞恩文化中心充分体现了利用光影来渲染和建构空间的设计理念。该文化中心建筑主体是离开湖面设置的，而所有的元素都统一在一个巨大的铜制屋顶下。屋顶在没有支撑的情况下，挑出主立面 20 米，为人们的行为活动营造了一个充满光影反射、折射的场所环境。水面上的屋顶倒影的图案，不断提示着建筑和环境场地的关系（图 3–4，图 3–5）。挑檐巨大而平展的暗影，框围出湖对面的卢塞恩为山峦所烘托的丰富的天际线，也框围出了市民广场。在晴空丽日下，文化会议中心首层通透的玻璃墙面上清晰地倒映出湖对面市区的景色，为生硬的、金属质感的建筑增添了海市蜃楼般的魅力。为了达到特殊的照明效果，让·努韦尔邀请了国际知名灯光设计大师英葛·摩利尔（Ingo Maurer）和法国色彩专家阿兰·博尼（Alain Bony），通过协调处理材料、光线、空间之间的关系，创造出新颖的、符合建筑基地环境和文脉要求的建筑作品。

让·努韦尔认为光可以塑造出色彩，能够产生若隐若现的影像变幻效果。在法国南特法院(Courthouse in Nantes)的设计中，让·努韦尔利用光来提高建筑的表现力。这座建筑的外墙采用大面积的玻璃，建筑的内部单元和环绕的主要公共空间之间的缝隙

图 3–4
卢塞恩文化中心(左)
图 3–5
卢塞恩文化中心五层上的观光平台（右）

为室内带来了光线，同时还有面对公园和河流的开放视角。对于该法院审判厅的设计，让·努韦尔深思熟虑地利用了自然光线，通过采用天窗采光的方式，塑造光的感染力。审判厅的外部是封闭的，内部被排列在顶棚内的采光井从上部照亮（图 3–6 ～图 3–8）。采光井依照一定的位置而设，使自然光从顶棚上的采光口泻下，光线直射在法官、地方官员和陪审员的席位上，使室内气氛庄严神圣。让·努韦尔在这个设计中还渗透了他的神学倾向：建筑的顶部开了一个大天窗，光线仿佛瀑布一样倾泻而下，就像来自天国的上帝站在每一个司法官和审判者的头顶，让他们正视自己的灵魂和良知。[6] 在此，微妙的光影变化产生了心灵体验的空间，预示着法院的公正和透明。

图 3–6
南特法院天窗采光

通过以上分析可以看出，光影在让·努韦尔的建筑创作中

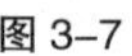

图 3–7
南特法院法庭室内（左）
图 3–8
法庭之间的缝隙空间（右）

具有至关重要的作用,因而他的建筑被称为“光的绘画”。让 · 努韦尔利用光来进行构图，来创造意境；利用光来抒情，来表达他的美学思想。让 · 努韦尔对光的追求是执著的，正如他所说，“有效地利用光是我设计建筑的基础。我的建筑从开始的时候准备了 5、6 甚至 7 套不同的照明方案。如果我像其他一些建筑师一样只从一套开始的话，那么结果将会非常不同，但这是我不能接受的。”[5] 无论白天、还是黑夜，光都使他的建筑充满活力。

2. 通透的墙体

通透的墙体是让 · 努韦尔所热衷的建筑语汇之一。早在 20 世纪 60 年代，罗伯特 · 文丘里提出建筑的“内”与“外”应该分别对待，并可以有所不同而无需一致。这一论断为当代建筑师将建筑设计分解为空间与表皮的问题奠定了一定的理论基础。让 · 努韦尔对墙体语汇的运用独具匠心，他常以轻薄表皮取代传统厚重的维护结构，营造出涤荡人心的非物质化空间氛围。轻薄的墙体模糊了建筑的内外界限，为建筑的表现带来了极大的自由。

建筑的透明性是让 · 努韦尔营造“在场的建筑”的关键因素。所谓的在场，就是协调建筑局部与整体之间的关系，使建筑有机地融入周边环境之中。让 · 努韦尔曾说，“我们需要有生动感觉的场所，有记忆、回忆与情感的场所”。[7] 让 · 努韦尔常常用通透的墙体实现建筑和场所相融合的设计目的。巴黎卡蒂尔基金会现代艺术中心（Foundation Cartier for Contemporary Art）是让 · 努韦尔运用通透的建筑墙体协调周围环境场所的一个很好的例子。这座建筑的立面由一系列叠合的透明层构成：如主立面前方 15 米伸向街道的墙体是一面高达 18 米的灰色细钢架支撑的透明玻璃墙；建筑前后的玻璃墙从建筑的边墙各向外突出 10 米；8.5 米高的主要展览空间是全玻璃的；办公区采用磨砂玻璃作为外围护材料。[8] 在这个建筑设计中，墙体成为环境信息的过滤器，使整个建筑展现出一幅虚幻的景象（图 3–9 ～图 3–12）。枝繁叶茂的树木存在于自由分割的玻璃墙与建筑围护结构之间的缝隙空间中，与展厅中的艺术展品一道恍惚于行人视野。相对建筑的静止立面，让 · 努韦尔更喜欢运动的景观，它们因为距离、层数、角度的不同而不同。这座建筑因脱离传统围护结构的限制而变得

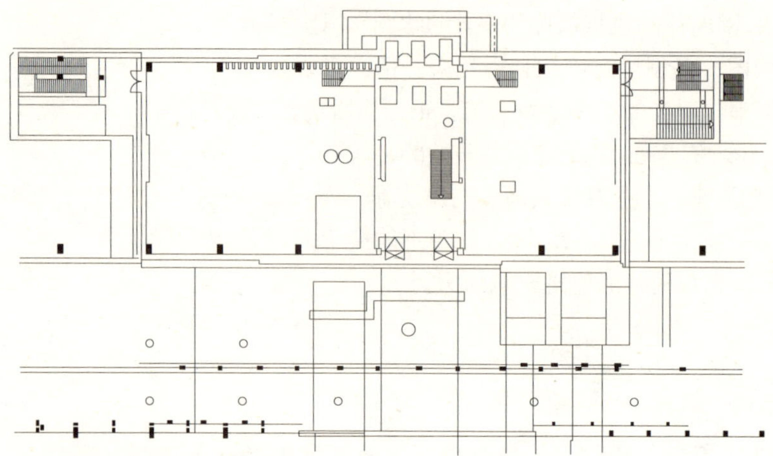

图 3-9
卡蒂尔基金会现代艺术中心一层平面

图 3-10
现代艺术中心全景

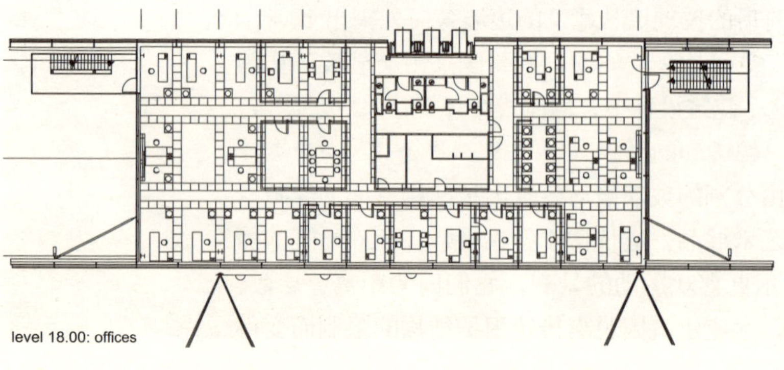

图 3-11
现代艺术中心办公层平面

图 3–12
现代艺术中心屋顶平台

更加自由，其连续的玻璃墙面创造了多层穿透的虚空间，反映出天空、周围的树木、街道生活以及周围现存的建筑，从而充分地体现出环境场所的活力。

让·努韦尔还主张利用透明的玻璃墙传达建筑物同基地的呼应以及与时代的联系，这一思想在他设计的法国巴黎盖·布朗利博物馆（Musée du Quai Branly）中得到了充分的体现。其一，在这座博物馆与盖·布朗利河岸大街交界的地段，让·努韦尔设置了一道高 12 米、长 200 米的玻璃幕墙。这道玻璃围墙开阔、通透，既有效地隔离了博物馆与街道的联系，又成为博物馆与外界交流的窗口。其二，乐器展览厅的接待大厅中坡道的起始段围绕着一个椭圆型平面的玻璃筒。在这个玻璃筒中，展示着种类繁多的乐器藏品。通过照明的控制，营造出一个相对开放、通透的灵动空间（图 3–13，图 3–14）。其三，展览厅的表面覆盖着鳞片状的玻璃幕墙，它们既富有装饰感又可以灵活地调节日光。通透的玻璃幕墙使得这座博物馆建筑有机地融入到周边环境之中。由此看出，让·努韦尔擅长在建筑设计中选择使用玻璃等一些轻质通透的围护材料，消解建筑的物质性进而加强表现建筑的抽象化特征。这种模糊化的处理方式有效地联系了建筑的内部空间和外部空间，使建筑与环境和谐共生。

从以上的实例可以看出，让·努韦尔通过对建筑表皮的独特设计，创造出体现非物质化风格的建筑作品，实现了建筑与景观

图 3–13
盖·布朗利博物馆玻璃墙（左）
图 3–14
博物馆椭圆形玻璃筒（右）

的和谐统一。在信息化社会，现代科学技术的发展推动了建筑技术手段的进步和建筑材料的不断更新，新型轻质材料的登场为建筑师的创作开辟了广阔的天地。让·努韦尔抓住这一契机，以其超常的创造力演绎了建筑表皮的时代意义。

3. 含蓄的窗洞

含蓄的窗洞是让·努韦尔成功地运用建筑语汇的又一个重要方面。窗洞是集采光、日照、观景、通风等多种功能于一体的建筑元素。对让·努韦尔而言，窗洞不仅如此，它还是建筑设计中极富表现力的建筑语言。因此，精心推敲窗洞的运用和表现是让·努韦尔进行建筑创作必不可少的一部分。在让·努韦尔的一些建筑设计中，含蓄的窗洞具有重要的点睛作用，刻画了别具一格的建筑立面表情。

在阿拉伯世界文化中心的设计中，让·努韦尔试图打破传统窗户的形式，而是将窗与墙融合为一体（图 3–15，图 3–16）。该文化中心的南立面由数百个不锈钢太阳能反射板组成，同时窗采用带有阿拉伯风格的、丰富通透的孔洞组件，给人们带来强烈的视觉冲击力。其处理重点一是构成窗的立面图案以阿拉伯传统的几何艺术图案为母题，南立面将带有图案的窗进行重复排列。因此窗起着符号载体的作用，表达深厚的地域文化主题。二是窗洞根据室外光线的变化通过光电池控制开合，利用高科技手段在建筑的立面上创造出各种表情丰富的细部。三是在形式上有意忽略三维体量的复杂组合，讲究二维的建筑“面”的细腻的感官效果。让·努韦尔曾这样阐述：“建筑的文化立场是必需

图 3–15
阿拉伯世界文化中心南立面细部（左）
图 3–16
阿拉伯世界文化中心花窗（右）

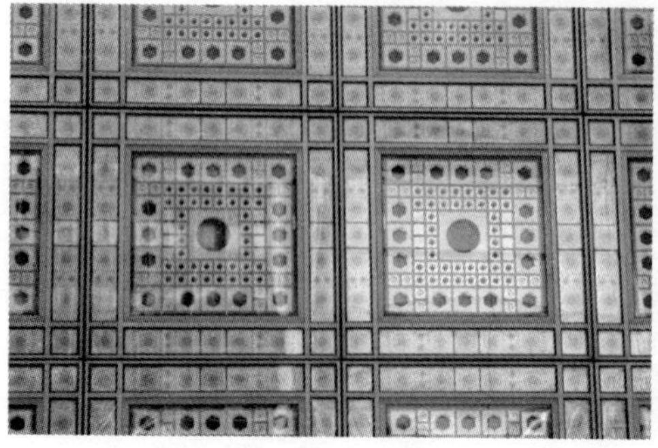

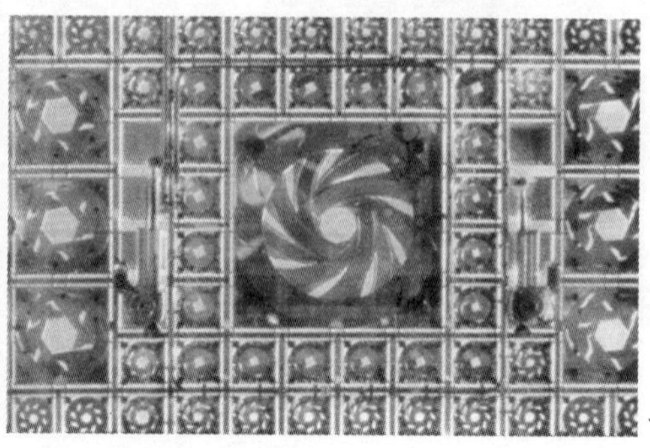

的。为了得出一种在概念上是通用的而对基地来说是特定的途径，就必须拒绝现成的套用或是太轻而易举地得出方案……如果建筑的南立面使用了类似光圈的‘控光装置’，是东方文化的现代表达，北立面则是西方文化的真实镜像，附近巴黎都市风景的图像被彩绘在建筑外表面的玻璃上，就像照相感光板上的化学药剂通道。”[5] 这些独特的设计手法充分反映出让 · 努韦尔将窗看作墙体构筑材料中的一部分，以现代技术超越传统的设计理念的强烈欲望。

让 · 努韦尔凭着无比高超的工程技术与建筑艺术的技巧，在其建筑作品中充分表现了包容和含蓄的设计意向。让 · 努韦尔设计的法国雷莫里诺市广告公司总部（CLM–BBDO）就说明了这一点。这座建筑共 4 层，可以随天气变化而改变外部形象。在阳光普照、天气和暖的日子里，屋顶巨大的玻璃翼面会自动打开。从远处看屋顶向天空开启的窗，像伸展的翅膀一样。而天气条件变坏时，天窗的玻璃翼面则自动关闭。夜晚，窗户里透出的光亮可以缓和建筑外部的坚固、封闭和紧张感（图 3–17，图 3–18）。建筑内部却是另一番景象：开朗、宽阔的空间，轻松、活泼的风格。经过让 · 努韦尔的精心设计，窗洞既很好地与建筑的功能性质相呼应，又给建筑带来了虚实对比的韵律感和丰富多彩的表情。

窗最善于表达建筑之情，传建筑之神，被称为建筑的眼睛。让 · 努韦尔常常在某些、甚至某个窗户上下工夫，使其成为建

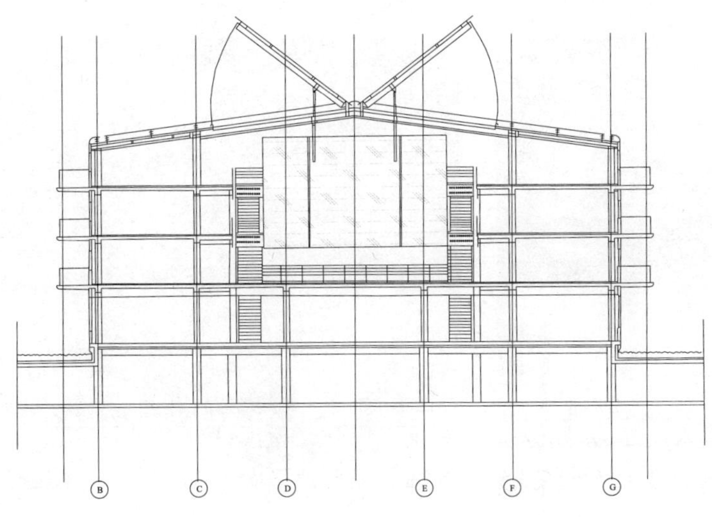

图 3–17
雷莫里诺市广告公司总部剖面

筑的点睛之笔。让·努韦尔在1990年设计的意大利威尼斯帕莱斯电影宫(Palais de Cinema)就是一个很好的例证。观众从潟湖(Laguna)方向进入电影宫，首先映入眼帘的是顶棚上讲述1930年代电影历史的壁画。随后，便可看到在观众厅的一块实墙上设有一扇醒目的大窗(图3–19，图3–20)。这个窗户，平时可以为人们观景所用，透过这个窗口人们能够饱览丽都岛(Lido Island)和对面潟湖的优美景色。在放映电影时，这个窗户则被幕布盖住，作为屏幕。经过让·努韦尔的精心设计，这个极为简单、含蓄的长方形窗子既产生了极为悦目的视觉效果，又给观众提供了视觉交流的广阔空间。窗不仅在建筑外部发挥着作用，同时它对建筑的内部空间也有着重要的影响。

图3–18
广告公司模型(上)

我们可以看出窗是让·努韦尔的建筑设计中富有创造性的一个关键因素。让·努韦尔往往利用窗来传达建筑立面的个性表情，促成建筑与周围环境的和谐共处。窗通过其纷繁多变的形式和深刻的文化内涵对建筑艺术产生了强有力的表现与影响作用。

图3–19
帕莱斯电影宫窗(左)
图3–20
帕莱斯电影宫窗用作屏幕(右)

4. 飘逸的屋顶

建筑的屋顶，常被人们称为建筑的第五立面。因此，屋顶设计的好坏直接决定着整个建筑设计的成败。飘逸的屋顶曾多次被让·努韦尔运用到其建筑设计中。经过他反复润色，建筑的屋顶为他设计的建筑形象增色生辉。他擅长创造性地将建筑的多个功能空间协调统一在巨大的屋顶下。飘逸的屋顶既塑造出整体的建筑形象，又使建筑很好地融入到周围的环境之中。

让·努韦尔擅长运用偏理性的设计思维应对城市中的混杂与某些建筑的纷乱堆积。他能够对建筑的环境和秩序作出综合判断与决策，设计出丰富新颖的建筑。让·努韦尔设计的法国里尔新城中心（Euralille）就是一例，飘逸的屋顶将整个建筑统一在有节奏的空间秩序中（图 3–21 ～图 3–25）。法国里尔新城中心是一个集办公、商业与住宅于一体的大型项目，雷姆·库哈斯起草整个计划并委托让·努韦尔作相关设计。让·努韦尔的设计任务是在新计划的中心位置为新里尔创造一个商店和办公的综合性建筑。地段在平面上大致是一个三角形，基地西南角与现有的SNCF 火车站相邻，基地的北侧与新高速火车站相邻。这座建筑部分随着地形的坡度，向 TGV 火车站倾斜。该中心作为新里尔的商业中心可以被很好地理解：首先，让·努韦尔将两层的商店和其他五个附加的单元，包括两个属于里尔商业学校，两个作为运动中心，一个作为文化中心连接起来，并把它们统一安排在巨大的、倾斜的屋顶之下。这个屋顶自身的面积超过了 4 万平方米，由设在沥青表面的网眼式金属格栅构成，被大片玻璃衬托得特别

图 3–21
里尔综合体屋顶平面

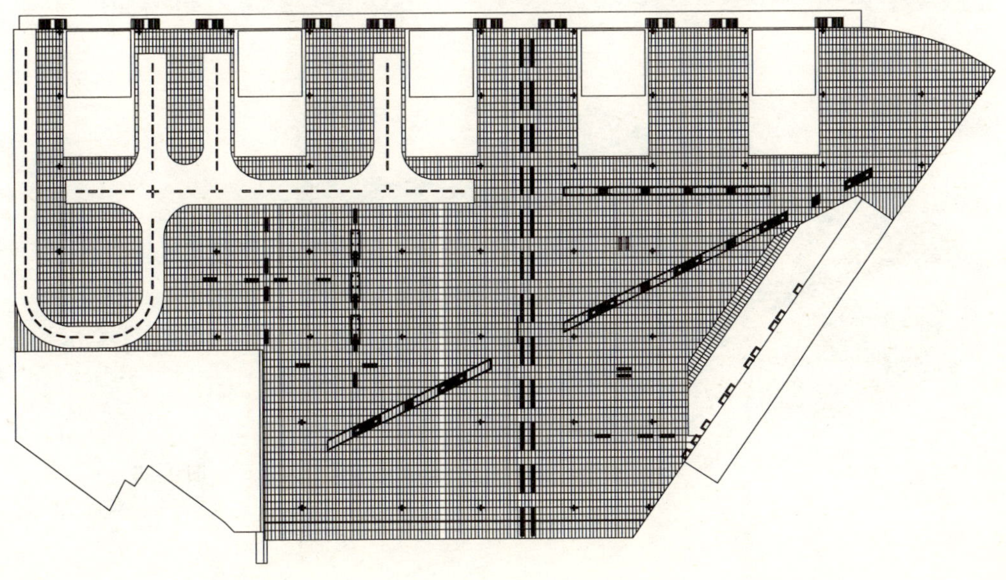

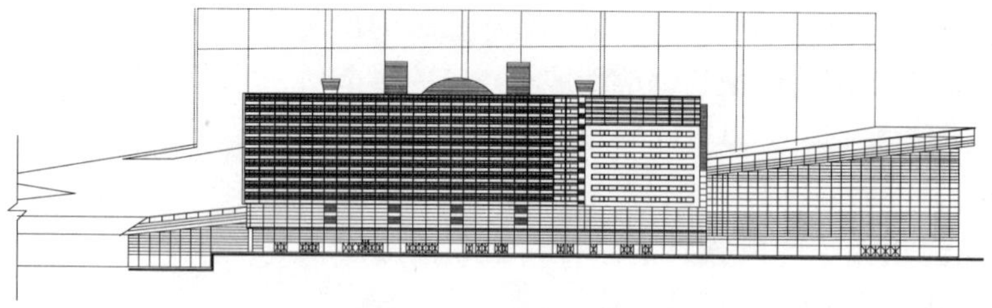

图 3–22
里尔综合体西立面

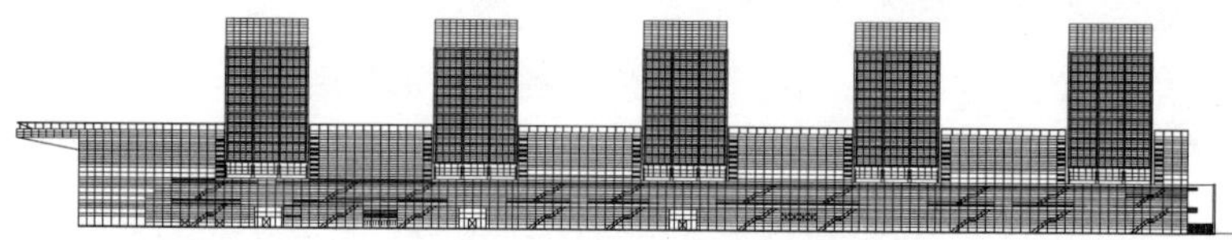

图 3–23
里尔综合体南立面

图 3–24
里尔综合体全景

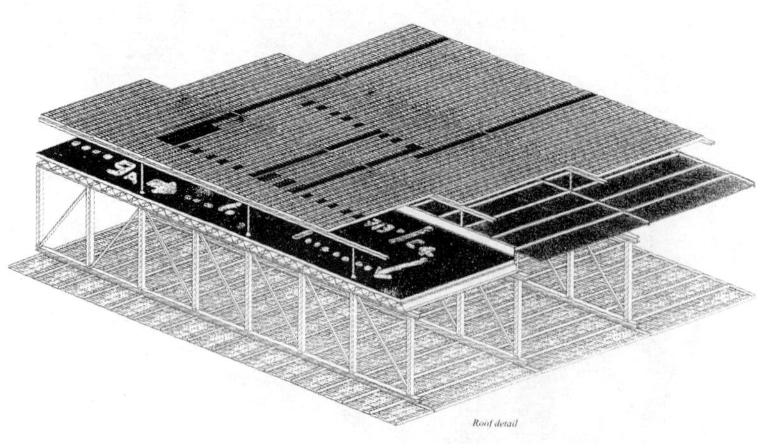

图 3–25
里尔综合体屋顶模型

明亮。其次，顺着建筑的南立面排列着五个高层塔楼，这些塔楼分别作为办公室、旅馆和学生宿舍之用，而且通往这些塔楼的通道也在这个巨大的屋顶下面。此外，建筑的底层连接两个火车站，也连接着被道路隔开的中心和周边之间的缝隙，而且主要的入口通向 SNCF 火车站。让 · 努韦尔通过这个倾斜的屋顶设计，创造出一系列不同的和意想不到的视觉景观。这座建筑展现了空间次序上的变化与统一，也说明了让 · 努韦尔娴熟地驾驭建筑语言的设计天赋。

让 · 努韦尔设计的卢塞恩文化会议中心的屋顶采用了个性化的处理手法，取得了出人意料的效果。在这个方案中，让 · 努韦尔考虑的主要的设计元素是湖，虽然建筑主体离开湖面设置，但要力求将湖面引到建筑中来。整个建筑功能分区明确，音乐厅、会议中心和博物馆在平面上并置成三个长方形的盒子，狭长的水池纵深切入，其间以天桥相连，成为人们必经的场所。此外，三个盒子的后部是一个狭长的服务空间，里面集中了贮藏和设备等用房。让 · 努韦尔将整个建筑置于一个巨大的铜质坡屋顶下，屋顶在没有支撑的情况下，由厚变薄并悬垂在湖的上面，挑出建筑主立面 20 米。这个巨大的挑檐形成大面积阴影，进一步消解了建筑庞大的体量，好似一大片薄薄的青铜色屋檐悬浮在湖面上（图 3–26）。挑檐上的顶棚反射出湖水、渡轮、城市，甚至行人的模糊光影，因此人们对环境的体验被巧妙地融入到亦真亦幻的景致之中。

阿联酋阿布扎比卢佛尔宫博物馆（Louvre Abu Dhabi）是让 · 努韦尔的代表作品之一，它同样演绎了巨大飘逸的屋顶给建筑带来的独特魅力。这座建筑将建在阿布扎比的萨迪亚特岛（Saadiyat Island）文化区的一片未开发的岛屿地带，是用来展示古典艺术珍品的博物馆。这个方案的亮点之一就是巨大的、镂空式的伞状穹顶的设计。让 · 努韦尔将这座博物馆建筑设计成多个小型单间展馆的组合体，并将这些展馆安排在一个

图 3–26
卢塞恩文化会议中心

图 3–27
阿布扎比卢佛尔宫博物馆（左）
图 3–28
阿布扎比卢佛尔宫室内光影效果（右）

直径 180 米、高约 24 米的大屋顶下。因而，整座建筑俨然是一座海上漂浮的“微型城市”。这个屋顶的孔洞采用了伊斯兰风格的装饰，体现了传统阿拉伯文化的特点。白天，斑驳变化的光影为整个博物馆的建筑空间增添了许多神秘感（图 3–27,图 3–28）。这个方案的特色之处在于让 · 努韦尔为建筑注入了标榜功能主义与结构美学的现代语言，具有统领作用的屋顶使建筑整体功能得以延续和更新。可见，伴随着新技术、新材料的更新和出现，飘逸的屋顶成为让 · 努韦尔建筑设计中的时尚建筑语言。

综上所述，让 · 努韦尔是一位善于运用建筑语言进行巧妙“言说”的建筑师。对此，普利茨克奖评审委员会对让 · 努韦尔给予了高度评价：“他将敏感好奇、敢于冒险的态度融于每个项目中，使现代建筑领域不只有了多个成功案例，而且极大地扩展了现代建筑的语汇……在延伸建筑语汇的过程中，让 · 努韦尔无视传统的分类，而是力求使每个建筑物都具有突出的个性，评论界无法对其加以概括归类。让 · 努韦尔近年来的作品频频刷新了建筑语汇。”[9] 让 · 努韦尔以新的方式诠释了经典的建筑语汇，建立了建筑与环境的良好互动关系，大大地提升了建筑的视觉感知力。

二、建筑表现手法的拓展

在语言学中，所谓修辞就是“依据题旨情境，运用各种语文材料，各种表现手法，恰当地表现写说者所要表达的内容的一种活动”[10]。修辞的表现手法也常被称为修辞方式，建筑语言中修辞的表现手法有很多，如对比、残缺、散构、象征等等。让 · 努韦尔致力于拓展多种艺术表现手法，在其建筑作品中运用个性化的修辞手法。下面我们着重从以下四个方面进行探析：模糊、重复、网格、消失。

1. 模糊

所谓“模糊”，是指边界不清楚，即在质上没有确切的含义，在量上没有明确的界限[11]。因此，模糊是事物的一种客观属性。客观事物在相互联系和相互过渡时所呈现出来的亦此亦彼的特点就是事物的模糊性。让·努韦尔非常重视模糊建筑空间的设计，并把它视为建立建筑与环境之间联系的介质。在他的建筑设计中频频使用亦内亦外、亦虚亦实的模糊手法，并以此创造出激发人们想象力的空间效果。

让·努韦尔建筑作品中的模糊性首先表现在以一种移动与演变的视角与深度的视野代替通常的透视，使建筑空间波动于二维与三维之间，带给人们意想不到的独特感受。让·努韦尔设计的德国法兰克福维多利亚大厦(Victoria Building)方案就是一例。这座建筑位于法兰克福的歌德广场（The Goetheplatz）的显要地段，为集中安排从事德国艺术工作的公司精品店和部门办公区空间所用。让·努韦尔利用模糊的手法处理这座建筑的界面：内墙采用玻璃材料，结构覆层采用发亮的金属，外墙正立面布置着一排排印花镜面，这个精致而悬垂的玻璃幕墙包住了旧建筑的立面（图 3−29 ～图 3−31）。因而，轻盈透明的界面使建筑的室内与室外的区别模棱两可，加强了通透、精致、卓尔不群的艺术效果。这种虚无飘渺的建筑形象使整个建筑与周围环境取得了诗意的和谐。从这个方案中，我们可以看出让·努韦尔暂时摆脱了精确的理性思维的束缚，依托建筑界面形成的调和与过渡空间产生了丰富的层次感和独特的视觉效应。

图 3−29
法兰克福维多利亚大厦模型

此外，让·努韦尔对建筑的模糊性的探索还表现在建筑空间与城市空间的延续上。让·努韦尔 1993 年

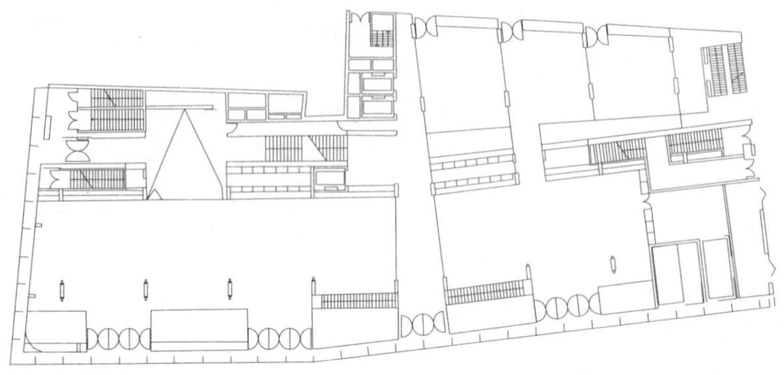

图 3–30
维多利亚大厦一层平面

设计的新卢塞恩文化和会议中心是 1989 年竞赛中标方案的延续，这一方案充分地证明了他对模糊手法的娴熟运用。新的卢塞恩文化和会议中心由包含三个平行的四方体（音乐厅和剧场）的空间构成，它们的形体、质地和色彩不同，又以提供所有容纳服务空间的横向结构相连接。建筑的入口由一个巨型大厅构成，是简约化风格的建筑空间。大厅之间是引入湖水的狭长庭园，同时，水景花园将外庭院与建筑室内缓缓连接起来。这构成建筑群与湖泊的连接，并产生室内外空间之间的模糊（图 3–32）。这种布局使建筑物很好地适应周边的城市环境。让·努韦尔 1995 年在米兰讲座中谈到，“这是一个遵循配合周边景观设计原则的实例。它是一座处在特殊地段的建筑——在湖边面对城市。在大厅内可以看到整个城市。”[5] 在此，让·努韦尔试图通过模糊的手法创造一种既丰富多彩又含蓄隽永的微妙意境。

正如《马丘比丘宪章》中所述，“新的城市化概念追求的是建成环境的连续性。每一座建筑不再是孤立的，而是一个连续统一体中的一个单元。它需要同其他单元进行对话，从而使其自身的形象完整……有机生长的城市空间在于暧昧的而非明确的、

图 3–31
从歌德广场看到的大厦全景（左）
图 3–32
卢塞恩文化会议中心（右）

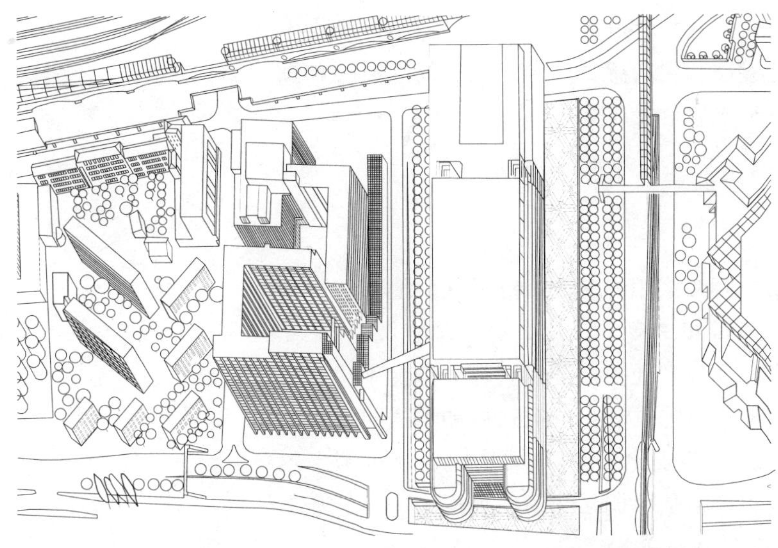

图 3-33
法国财政部方案轴测图

绝对的机能性组合的空间层次中。”[12] 让·努韦尔致力于创造易于被人们感受的亦此亦彼、内外兼容的模糊空间。这一点在让·努韦尔 1982 年设计的巴黎法国财政部竞赛方案中得到了充分的体现。该建筑基地位于塞纳河北岸贝尔西（Bercy）的一块场地，这意味着要考虑在这块一端向河流敞开，一端对着贝尔西铁路调车场的狭窄场地上进行建筑设计。让·努韦尔将办公空间沿外墙布置在三个从架空的底层柱上升起的体块中，而且在三个体块中间各自留出大中庭（图 3-33，图 3-34）。让·努韦尔曾这样解释道：“这一建筑实践在部分意义上是行政建筑原则的重新定义。这样的建筑从象征意义上来说，必须是透明和开放的。”[5] 这个方案中关于建筑内外空间的模糊性塑造是让·努韦尔拓展表现手法的又一次新的尝试。

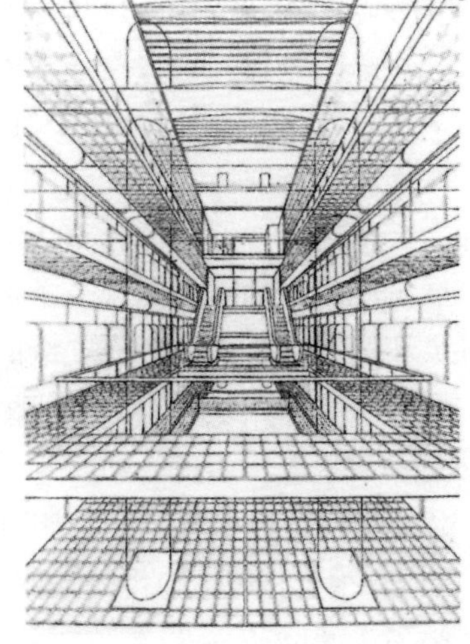

图 3-34
法国财政部方案室内透视

从以上的设计方案中，我们看出让·努韦尔非常重视利用模糊手法处理建筑内外空间的过渡，这一手法的运用使得建筑的外立面不再是一面内外泾渭分明的实墙体，而是一个将建筑内部空间向城市外部空间敞开的开放性的界面。他所创造出的模糊中介空间，具有较强的过渡性和层次感，这种弹性空间因适应和满足人们的多方面行为心理需求而极富感染力。

2. 重复

重复是让·努韦尔喜爱采用的又一修辞手法，他的一些建筑作品也因而表现出一种简单的复杂。让·努韦尔曾说，“反复做同一件事，不是创造者自我表现的抄袭，而是对表现手法的穷追不舍，刻意求新。这种不断的重复在反射材料和不透明玻璃的配合下，产生出微妙的光、色变化效果。”[13] 所以，让·努韦尔对于建筑元素的重复运用，不是单调乏味的叠加拼凑，而是基于新技术、新材料、新观念的建筑美的探索。

让·努韦尔设计的法国巴黎盖·布朗利博物馆于2006年建成，也是运用重复设计手法的一例。在展览厅靠近巴黎塞纳河一侧的北墙上，重复设置有20余个凸出的盒子。它们五颜六色且大小不一，当人们到达展厅内部就会惊奇地发现那是一个个小展厅，内部陈列有各种文化的珍品。这些活泼精巧的盒子有效地避免了体量庞大的船形展览厅给人们带来的笨重单调的压迫感。它们既有装饰感又可以灵活地调节日光，形成连续的空间序列和有节奏的韵律。此外，这座博物馆沿塞纳河的行政管理中心北侧的植被墙也成功地运用重复手法，构成了世界上最大的植物墙。800平方米面积的外墙上约种植着来自日本、中国、美国和中欧的150种多种植物，包括各种花卉、蕨类植物和灌木，总量达1.5万株。这些植根不深不需土壤的植物被种在一种混合丙烯和毛毡的物料（Acrylic Felt）上，然后用U形钉子固定在多幅铁框PVC胶板上，再逐幅嵌在墙上（图3–35，图3–36）。这个植被墙的设计既与博物馆的原始艺术主题相切合，又与其所处的塞纳河畔的如画风景相和谐。因此，让·努韦尔并不主张简单地重

图 3–35
盖·布朗利博物馆局部

复，而是努力探求如何使空间与场所达到高度的辩证统一。

让·努韦尔通过在建筑设计中运用重复的手法，使建筑形象连续、统一、和谐，产生一定的秩序美。让·努韦尔在 1991 年设计的德国柏林拉法亚特精品廊就很好地说明了这一点。这座建筑位于柏林著名的弗里德里希大街（Friedrichstrasse）和弗兰泽奇施大街（Franzosischestrasse）交叉口的重要位置处，包括百货商场和办公室等功能空间。从剖面形状上看，圆锥形和倒圆锥形的中央空间贯穿大部分建筑物，特别是中央部分的巨大的圆锥体突出屋顶。色彩鲜艳的光束从外部射到建筑中央部分的圆锥形空间。屋面向下则是延伸到地下 4 层停车场的倒圆锥形（图 3–37，图 3–38）。这个上下延伸的圆锥形大空间的镜像形象和信息，呈现出图像畸变的逆向程序。让·努韦尔以重复的建筑单元设计带有重复功能的建筑，形成一个完整的、连续的空间序列，给人一

图 3–36
博物馆植被墙细部

图 3–37
拉法亚特精品廊剖面

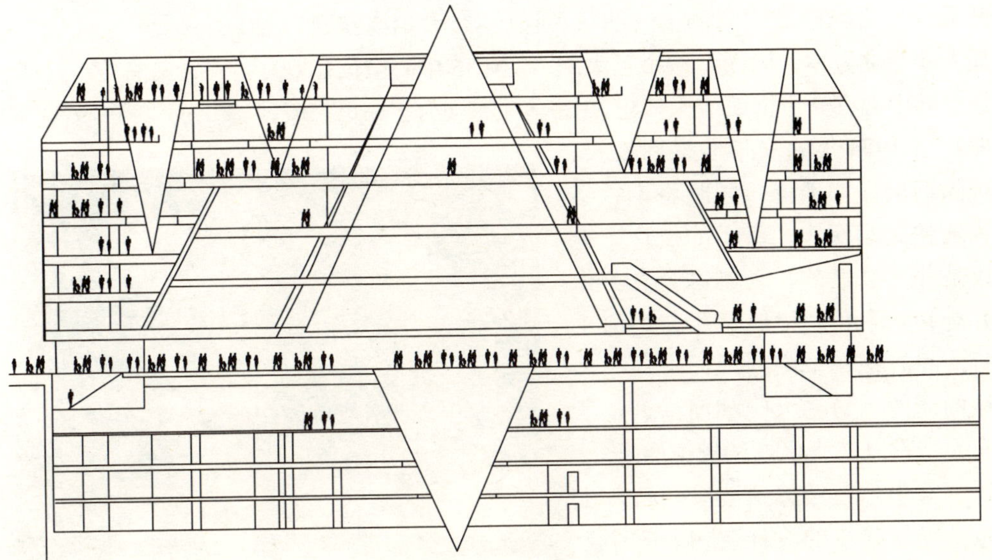

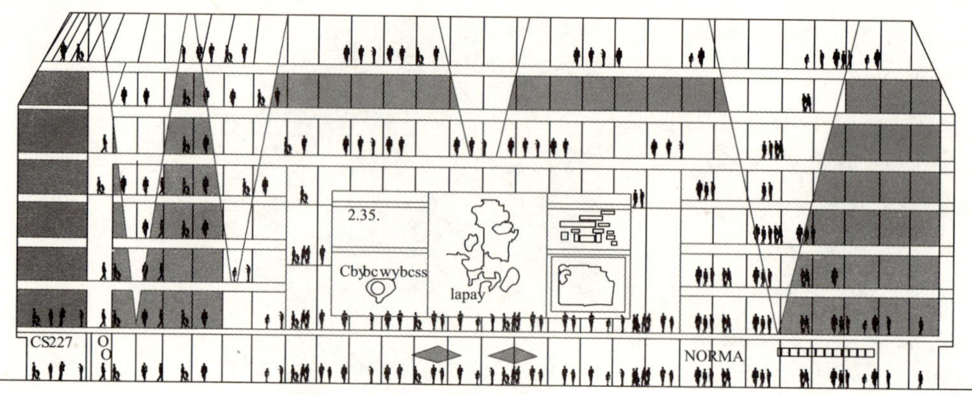

图 3-38
精品廊正立面

种稳定的韵律感。让·努韦尔选择重复的母题并不只局限于某种造型，而是一种空间，通过它有节奏的重复和变化将设计的各元素很好地统一在一起。

让·努韦尔在其建筑设计中借助于重复手法，既可以建立起一定的秩序，又能获得各种各样的变化，促成建筑形式的有机统一。让·努韦尔设计的意大利威尼斯双年展的法国馆就是一例，这是他在 1990 年的一个竞标获胜项目。新建的威尼斯双年展法国展馆的设计有严格的限制。这个展馆位于杜塞尔（Ducal）公园内，对于建筑立面或体量的任何修改都受到严格控制（图 3-39）。让·努韦尔通过精心设计将这些限制条件转变为有利条件。第一阶段，即在 1992 年双年展开幕时，为了避开那些严格限制的相似体量的法律，让·努韦尔清空建筑物，插入一个立方体。因而，一个巨大的、空旷的中心空间出现了，该空间中心有一个钢铁结构升起，用来容纳展览厅。在第二阶段，即此后 1994 年的双年展得到授权，拆除旧展厅的遗迹，同时将钢铁结构延伸到运河边。幸运的是这个地段是非常合适的，复制这个立方体并旋转 45° 角，使展览厅与运河平行。同时楼梯下降到地面形成了展厅的新的入口，大门朝河岸开，所有元素都以模块化被制成标准尺寸。让·努韦尔在考虑到地段的基础上也遵循了建筑的设计逻辑。一个大

图 3-39
威尼斯双年展法国馆

的屋顶可以根据展厅内部的需要调节开与阖，这座建筑为临时展出提供了很大的灵活性。建筑物本身是一个简单的、小小的体量，但它能够迎合任何可能的展览条件：开放的或是封闭的，明亮的或是昏暗的，分开的或是整合的，简单的或是复杂的。

让·努韦尔将重复作为组织和表现建筑的一种手法，努力创造出具有丰富形式和统一韵律的建筑空间。他积极探索重复的母题，以进一步满足人们在功能、审美和精神方面的需求。他试图通过别出心裁地运用重复的手法，制造出建筑的强烈秩序感和神秘韵律感；同时，重复中的变化元素成为他建筑创作中灵动跳跃的音符。

3. 网格

在建筑创作中，网格常常与自由相对立，但实际上，设计的自由并不是指不要任何基础的自由，它有一个参照系统。由于几何网格是空间分割和组织的视觉参照系统，所以它建立了建筑师从思维到方案的桥梁。让·努韦尔极其善于使用网格表现手法，网格在他设计的一些建筑作品中被体现得淋漓尽致。

让·努韦尔执迷于网格，在德方斯终端（Tête Défense）的竞赛项目中，他提出了“空中网格”的设计理念。让·努韦尔试图改变天空，使之像一件艺术品。在古典艺术中，一个网格可能出现在未完成的绘画中，而这幅绘画又可作为模型的草图。让·努韦尔运用的是1–10的网格系统，这个网格系统使画家把作品草图画到画布上变得更为容易。而且，在纸上这座建筑物看起来像日落的感觉，并且是精确的日落（图3–40，图3–41）。让·努韦尔曾这样阐释道：“通过天空，甚至气候，用建筑学的手段，

图3–40
德方斯终端方案全景（左）
图3–41
德方斯终端细部（右）

天空是一个总在被重新描绘的画布。它的结构是可见的，就像是早期大师作品的方格法放大。”[5]让·努韦尔设想使用建筑的结构将天空划成方格，创造出一个中心透空的网格，两边悬挂两组办公空间。随着日光和时间的变化，网格将会发生变化，透明或是不透明，暗淡或是金色。三维空间网格随着不断上升逐渐消失，而有的网格线变得很模糊，像劣质的印刷效果。因而，整个方案表现了让·努韦尔对网格艺术的一次探索。

图 3-42
南特法院南立面细部

让·努韦尔在南特综合法院的设计中尝试用网格准确地定义出一个象征公正、准确与权威的建筑。整个建筑位于由河岸升起的宽大缓坡的最高处，由规整对称的正方体组成，这些正方体由一套 8 米 ×8 米网格通过放大或缩小比例来控制（图 3-42 ~ 图 3-44）。此外，网格的手法还主要体现在：地面采用磨光灰色花岗石材料，以 64 块 1 米 ×1 米或者 256 块 0.5 米 ×0.5 米见方的石材组成单元；顶棚下的装饰板是以 4、16 或 64 块组成单元的，

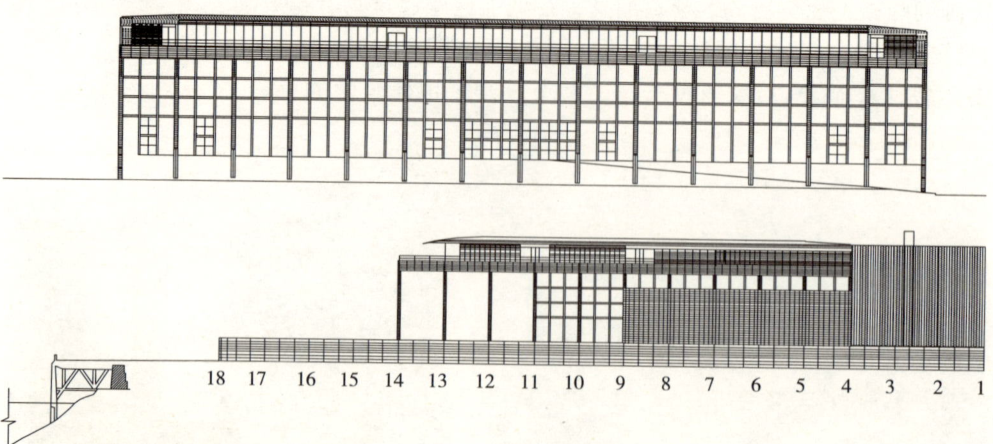

图 3-43
南特法院北立面（上）
图 3-44
南特法院西立面（下）

且延伸到建筑立面中；这个建筑长或宽为 110 米，高 13.75 米，因而高是长或宽的 1/8。[5] 在这个设计中，网格在视觉形象上暗示出法律的公正、平等和正义的概念。可以说，让·努韦尔将网格作为一种符号，隐喻公平与公正的深刻含义。

总之，在让·努韦尔看来，网格并没有给他带来构思上的限制，而是开辟了一个自由创作的新领域。让·努韦尔试图以标准的构件为基本构成元素，采取一种独特的方式实现对网格的灵活应用，进而创造出一种既具有协调性又能反映时代特征的建筑作品。

4. 消失

让·努韦尔是欧洲较早谈论“消解物质性”的建筑师之一，他的设计理念是通过使用玻璃等轻盈的现代材料作为建筑的表皮，赋予建筑体量和形态以消失的特征。让·努韦尔认为建筑创造了地平线本身，对大众而言，透视中地平线的消失具有极大的诱惑力。让·努韦尔设计了一系列倾向于消失的建筑：从卡蒂尔基金会现代艺术中心到无限塔方案，从科尼亚克·热基金会敬老院扩建到维多利亚大厦等等。消失为让·努韦尔的建筑设计带来了无比的创作激情。

运用消失手法最典型的例子之一是让·努韦尔在 1989 年设计的法国巴黎无限塔（Tour Sans Fins）方案。这个方案是为毗邻拉德方斯拱门的一块场地所举行的设计竞赛的优胜作品。这座大厦高 460.6 米，直径 43 米，是商业与办公的综合建筑，在世界上类似的摩天大楼中，它是最苗条的建筑之一。大厦没有底座，而是建在深 35 米的凹地上。这个方案最引人注目的是让·努韦尔采用了消失的手法处理大厦的造型。从大厦的基座开始形成环形向上的效果，随后又借助立面上分段使用不同质感、不同颜色的材料，使塔楼由下至上呈淡化趋势，最后塔的顶端如消失在空中一般。这座建筑采用一种生长型的结构方式，越往上越轻巧，到了最上层采用了特别精致的金属结构（图 3-45 ～图 3-47）。这

图 3-45
法国巴黎无限塔模型

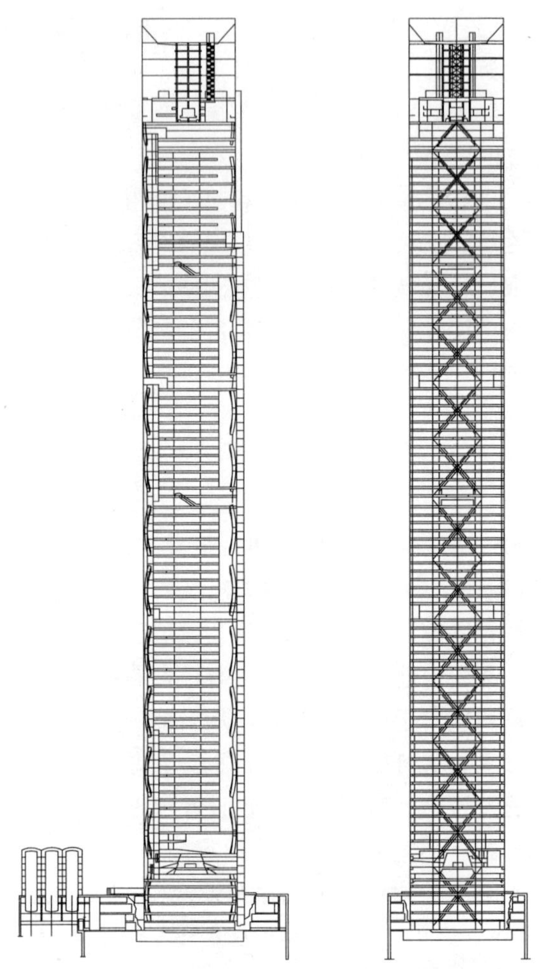

图 3–46
无限塔剖面一（左）
图 3–47
无限塔剖面二（右）

个建筑物是逐渐消失的：基座部分采用与地面相仿的，黑色、灰色的，粗糙的花岗石材质，往上面渐渐变成磨光花岗石；中部采用铝材；上部是透明玻璃和镜面玻璃；再往上是银灰色的压花玻璃，花纹渐渐变密，色差越来越大；到了塔顶时，几乎融入了天空。夜间，灯光和色彩会使这种效果更加精彩。在此，让·努韦尔创造出了一座逐渐消失的、极具震撼力的环形塔楼。

对让·努韦尔来说，1995 年设计的法国巴黎郊区科尼亚克·热（COGNACQ–JAY）基金会敬老院扩建，又是一次运用消失设计手法的尝试。该项目是对一座建于 19 世纪下半叶的敬老院进行扩建及装修，原建筑为一幢新哥特风格的尖坡顶府邸。让·努韦尔的敬老院扩建意图是创造一个原建筑的“镜像”——

图 3–48
科尼亚克 · 热基金会敬老院扩建东立面（上左）
图 3–49
敬老院局部外观（上右）
图 3–50
敬老院北侧中庭（左）

一幢新的客房楼。这一镜像产生抽象的两面性：老楼的比例与布局被投影到一个似乎要消失的新楼上。在扩建部分，屋面由玻璃建造：包括走廊上倾斜布置的玻璃和新住宅屋顶结构上的玻璃瓦。新建筑采用混凝土结构，其外立面是 40 厘米 ×40 厘米的镀锌钢网格悬挂一种特制玻璃砖的幕墙。新楼的外立面十分奇特：一个不透明的玻璃体（图 3–48 ~ 图 3–50）。这种一半像镜子，一半像水晶的效果游离于实体与透明之间，产生了细腻的变化。此外，建筑内部楼层在竖直方向上连接在位于走廊南北两端的透明电梯上。南北两个主要立面采用悬挂式通高幕墙，一直延续到屋顶。[14] 在此，让 · 努韦尔运用现代通透性材料定义建筑界面，这种表现手段带来了建筑体量的纯净品质和消失感。

让 · 努韦尔基于对玻璃等透明材料的重新认识和深入挖掘，创造出消解建筑体量和消失轮廓边界的艺术效果，具有很强的非物质化倾向。重量消失的美学深受让 · 努韦尔的青睐，它在很大程度上缓解了建筑形式不同所带来的冲突感，使建筑融入到周围环境之中。让 · 努韦尔希望通过操纵感知支配物质，将必然的物质稳定性变成脆弱的不确定的东西，进而营造出轻快飘逸的空间氛围。这是让·努韦尔运用当代技术的可能性去发现新的激情策略的全新尝试。

三、建筑艺术风格的探寻

让·努韦尔的建筑创作独具风格，他多年来一直孜孜不倦地、以成熟稳健的姿态去探索建筑艺术形式的创新，而不是拘泥于某一种特定的风格。对此，普利茨克建筑奖评委会主席洛德·帕伦博（Lord Palumbo）评论说："让·努韦尔的建筑不受先入为主的'风格'约束。"[9] 个性化的新现代建筑创作体现了让·努韦尔对于创造性建筑实践的无止境追求。建筑师唐纳森(Donaldson) 1842 年在一次演说中宣称："建筑中的风格可以比之于文学中的语言，……每种风格都蕴藏着一种原理，那是建筑师在某些特定场合能恰到好处地利用的。"[1]

1. 产品设计导向

让·努韦尔非常热爱设计，近些年他在建筑界不断地赢得荣誉，同时他在产品设计领域有了更多的涉足。除了建筑外，他还成功地设计了沙发椅、杯子、茶具，甚至圣罗兰（YSL）的香水瓶等产品。让·努韦尔擅长从建筑学的角度分析和对待产品设计，设计出诸多令人耳目一新的作品，充分地展示了他敏锐的思维和非凡的设计天赋。

图 3–51
VIA 储物柜

一方面，他以个性化的设计概念创造出具有建筑学风格的产品。让·努韦尔曾由 VIA（法国政府的文化部门为了促进法国家具设计而设立的机构）委托做过一系列家具设计。其中之一是由一套大小渐变的盒子构成的储物柜（图 3–51)。这是一个既美观又节省空间的设计作品：这些盒子悬挂在顶棚的轨道上，它们可以自由移动。这个储物柜是一个空间与比例尺度结合的产物。对于这件设计作品，一个家具设计师给出了评价："它一定是一个建筑师的作品，因为其他任何人在设计时都会从地面开始向上！"[7]让·努韦尔的这件设计作品在1987年的展览会（Les Cartes Blanches VIA）上展出。

让·努韦尔的设计作品往往倾向于一种光滑的构造学，没有复杂的细部与暴露的结构而表现出简洁的形式。在家具设计中，让·努韦尔设计的是"尽可能少"的家具，家具的功用被简化到了最基本的程度。如他设计的一个黑色的、简洁的立方体扶手椅（Elementaire）就是一例（图3–52）。让·努韦尔在1995年的《国际设计年鉴》中，描述它的概念与设计："它是我称为基础或者基本的东西——零度的设计。它是我需要的那种家具，因为我不想把时间浪费在那些干扰和曲解场所意义的家具的拙劣摹仿品上。我讨厌所有以过分夸张和过分表意的形式创造出来的所谓时尚家具。我需要简单的东西，所以我着手创造简单的东西。"[5]

让·努韦尔设计的同一风格的另外一件作品是在1993年到1994年间，为卡蒂尔基金会现代艺术中心设计的漆成灰色、钢质材料的LSS办公桌（图3–53）。这张桌子只在狭窄的桌腿上面布置了一个最低限度的桌面。让·努韦尔曾说，"办公桌只是一个支撑面"。[15]它的设计技巧在于采用了钢质桌面以保证它的刚性和其狭窄的外形，其美感来源于简洁。其设计目的是家具的功能被还原成本质，创造出整个建筑和结构逐渐消失的效果。这一思想可以追溯到1928年现代建筑大师密斯·凡·德·罗（Mies Van Der Rohe）提出"少就是多"的建筑观点。密斯的名言是"少即是多，我几无一物"，指以简洁的形式和简单的材料，获得较多的空间和功能。主要包括两项内容：一是简化建筑结构体系，

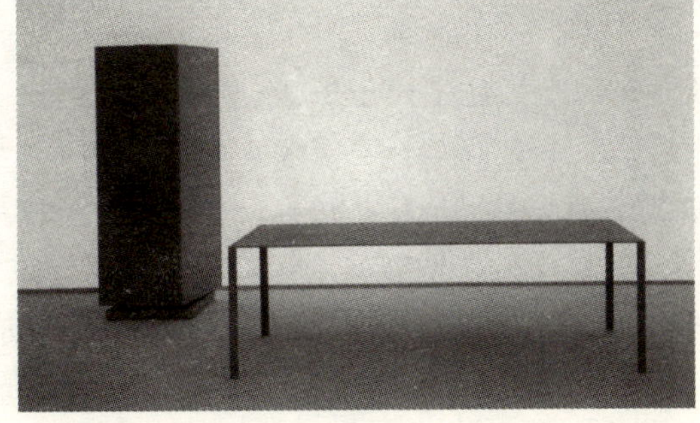

图 3–52
立方体扶手椅（左）
图 3–53
LLS 办公桌椅（右）

删除部分建筑部件；二是简化建筑形式，去除建筑装饰，并采用通透空间。[13]让·努韦尔深化了这一经典的设计主题，他在当代产品的设计中发现了一种趋于奇迹的美学：通过减少手段提高性能，如同手提电脑的神奇简洁。正如美国建筑评论家肯尼思·弗兰姆普敦认为，“对建筑形式的所指内容采用还原手法有可能形成有利的要素，这一点我们不可随意否定，因为‘几乎无物’的政策已经证明了它有能力产生一种良好的环境”。[16]以“少”创造一种“存在”，这是让·努韦尔创作中激情与诗意的源泉。

另一方面，让·努韦尔将建筑视为一种特殊的社会化产品，其建筑作品中不可避免影射出产品设计的素材。建筑大师勒·柯布西耶（Le Corbusier）非常强调机械产品的美，他针对20世纪初期兴起的工业社会提出的科学理性的设计导则。他认为，“住宅是供人居住的机器，书是供人们阅读的机器。在当代社会中，一件新设计出来为现代人服务的产品都是某种意义上的机器。……在近50年中，钢铁与混凝土已经占统治地位，这说明结构本身具有巨大的能力。对建筑艺术家来说，建筑设计中老的经典已经被推翻。如果要向传统过去挑战，我们应该认识到，历史上的过往样式对我们来说已经不复存在，一个属于我们自己时代的新的设计样式已经兴起，这就是革命。”[17]让·努韦尔在他的创作历程中，亲历了西方工业社会及后工业社会的变迁，一直致力于将现代社会元素转化为建筑产品表现的主题。在1994年El Croquis的访谈中，让·努韦尔提出自己的观点，“勒·柯布西耶第一个揭示了将其他产品的创造过程应用到建筑学中的可能性：谷仓、飞机等等。现代性依然存在，因为现代性并不是柯布西耶式的，而是一种对不断涌现出来的新事物、新现象的敏感态度，建筑师应该擅长抓住这一点。”[18]让·努韦尔对建筑产品现代性和时代感的深切关注体现了他的大师风范。

让·努韦尔设计的法国伯宗开发区帕门蒂埃（ZAC Parmentier）住宅楼于1993年建成，这是一次工业化社会产品的塑造。该建筑是一座未来城镇中心的住宅大楼，散发着浓浓的工业信息。美感是自发的：一个红色色调的大庭院，沥青标识出可用于孩子们游戏的痕迹或符号。根据样式，大厦的颜色有蓝、红、黄、绿，这些颜色是由射到窗户上的胶片的颜色而产生（图3-54）。让·努韦尔大胆地使用了多种鲜艳的色彩，为这座建筑

图 3–54
帕门蒂埃住宅外观（左）
图 3–55
贝尔福市立剧院改造全景（右）

增添了新的诗意。这座建筑强烈地体现简洁、明快、洗练、富于空间感的工业化产品特征。让·努韦尔在1980年设计的贝尔福市立剧院改造（Renovation of Belfort Municipal Theater）中，将原有建筑和扩建部分作出明显的区分，是将产品的创造过程引入到建筑中的一次尝试。在外部，让·努韦尔使用剥落损坏的石膏作为立面材料，就像被切割机切了一样。粗糙的外形以最直接的方式保留了附加部分的施工痕迹，建筑因保持材料的自然本色、不加粉刷而显露出朴素的美感和粗犷的性格（图 3–55，图 3–56）。在内部，让·努韦尔在美国艺术家盖瑞·格莱瑟（Gary Glaser）的帮助下，特别重视舞台装饰和细部、材料和颜色的精心安排。

图 3–56
正立面细部

让·努韦尔因为常常使用玻璃、钢材等金属材料来构成建筑，所以他被许多评论家划入高技派设计的行列。但是他与英国建筑师理查德·罗杰斯（Richard Rogers）、诺曼·福斯特（Norman Foster）不同，一方面他把建筑结构隐藏在光滑的、象征性的金属表皮下，而不是将建筑的所有构件直接暴露出来；另一方面光电子、计算机技术、电影图像技术的应用使其建筑产品在后工业化社会如鱼得水。2000年建成的瑞士卢塞恩旅馆（The Lucerne Hotel）是让·努韦尔的代表作品之一，是运用先进影像技术的社会化产品（图 3–57，图 3–58）。这是一个旧建筑改造的项目，原

图 3–57
卢塞恩旅馆室内

建筑是一座位于卢塞恩市中心一个街道拐角处的7层老建筑，始建于1907年。其中最独特的改造就是25间客房的顶棚分别绘制了25幅电影剧照，都选自让·努韦尔所钟爱的先锋导演的作品，如彼得·格里纳韦（Peter Greenaway）、佩德罗·阿尔莫多瓦（Pedro Almodovar）、费德里科·费里尼（Federico Fellini）等等。房间内横线条构件使用木材，竖线条构件则使用不锈钢。夜晚，彩绘顶棚通过房间的大玻璃窗，以透视的视角传递到建筑的外立面，使人们不禁对它产生好奇。让·努韦尔以一种玩味的心态创作出耐人寻味的建筑产品。

图 3–58
卢塞恩旅馆局部外观

总之，让·努韦尔除从事建筑设计外，他还参与家具、卫浴等产品的设计，也常和艺术家、电影导演合作，是一个设计上的多面手。他的设计作品彰显了法国现代精神，正如王受之先生这样评价他的建筑风格："让·努韦尔的建筑风格与法国的国家精神是一致的，那就是要在建筑文化上有超越美国人的水平，杜绝走美国式的后现代主义媚俗方向，重新发展和诠释现代主义，形成法国的新现代主义形象。"[28]

2. 结构主义视野

通常情况下，建筑师会从一张草图或一个模型开始建筑设计，但让·努韦尔的建筑常常始于缜密的文字分析。正如他所说，"我出生在战后的法国，深受结构主义思想的熏陶。如果我不能很好地分析某个设计，我会迷失自己。"[19]20世纪50年代，结构主义哲学思潮在法国兴起，代表人物有列维·斯特劳斯（L.Strauss）、米歇尔·福柯（M.Foucault）、罗兰·巴特（R.Bathes）等等。这一哲学思潮在法国的传播和发展为让·努韦尔将结构主义哲学思想渗透到建筑设计之中创造了有利的条件，促使他不断设计出令人青睐的建筑作品。

结构主义者认为，“注重整体是研究事物本质的唯一途径，而事物的部分或因子仅是通向研究事物本质的要素。单独的部分之所以有其自身的意义、功能，有其自身的确定性，是因为脱离了整体，任何部分就无意义可言。”[20] 从这个意义上说，整体并不是等于部分机械地、简单地相加。受其影响，建筑界的“结构主义”紧随着结构主义哲学思潮而出现。一些建筑师将建筑视为一个大系统，并强调分析、研究建筑系统的内在结构。让 · 努韦尔受结构主义思想的影响是根深蒂固的，如受罗兰 · 巴特等一些语言学家的影响，他总是尽可能地分析一个工程中的诸多积极因素。让 · 努韦尔曾这样阐释，“气候、委托者的需求、这个地方的文化、周围建筑的参考、这个城市中人们的喜好，这些都是我所调研的。”[21] 让 · 努韦尔在 1999 年设计的墨西哥瓜达拉哈拉的乔赫沃盖卡布雷拉（JVC）总公司就是体现结构主义哲学思想的一件作品。这座建筑被建得较低，而周围的树木却很高。建筑基地靠近一个保护公园，让 · 努韦尔试图将这个公园延伸扩展到基地内，并把整个建筑体量分散成多个与所在城市的历史建筑相同尺度的小体量建筑组合体。而且，理性化的网格投影和感性的树木的影子在建筑空间中互相交叠（图 3–59 ～图 3–61）。令人难以想象的是，这座建筑制造出不确定、可改变的颜色，从红色到黄色，从褐色到蓝色。在光和色变化下，整个建筑创造出一种迷幻的、不确定的气氛。正如让 · 努韦尔所说，“我强调结构的逻辑性，所有科学体系的创立，无论是军事还是医学领域，所有虚构的方面都属于这个层面，正像伟大的艺术家所作的一样。”[18] 在这个方案中，可以体会到让 · 努韦尔的设计原则，即“建筑物应该在它所应在的位置……风、天空的颜色、周围的树，建筑物本身的美并不是独立地呈现出来，它能给周围环境以亮色，它们的关系

图 3–59
瓜达拉哈拉 JVC 总公司（左）
图 3–60
JVC 总公司模型(右)

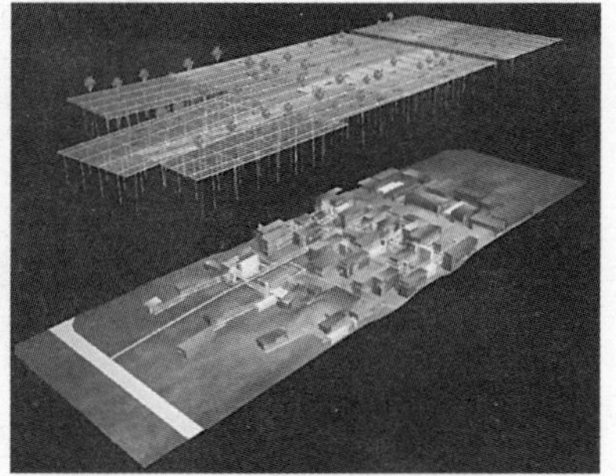

图 3-61
JVC 总公司局部景观

是在对话。”[19]

此外，结构主义者还提倡一种转换的思想，强调部分与部分、部分与整体间变化的动态性。让·皮亚杰（Jean Piaget）认为，“没有例外，所有认知到的结构都是转换的系统”。[20] 让·努韦尔也提出了鲜明的建筑主张：“如果你认为一个概念是各种想法的结合点，并且这些想法本身可以定义一个由冲突、碰撞和结合组成的特定结构，那你就提出了一种可以在所有建筑中实际和有效的事情的方法。”[18] 如让·努韦尔于 1999 年设计的美国纽约布鲁克林旅馆（Brooklyn Hotel）是曼哈顿岛的一道迷人景观（图 3-62 ～图 3-64）。这座水上旅馆扩大了尺度，创造出 10 倍于富尔顿（Fulton）河边咖啡馆的艺术效果。全景的视点被最大化，玻璃的墙面是如此的宽敞和明亮以至于人们会怀疑自己是否真的置身于此。图像在这里被拉长和复制，人们在现实和虚无之间不

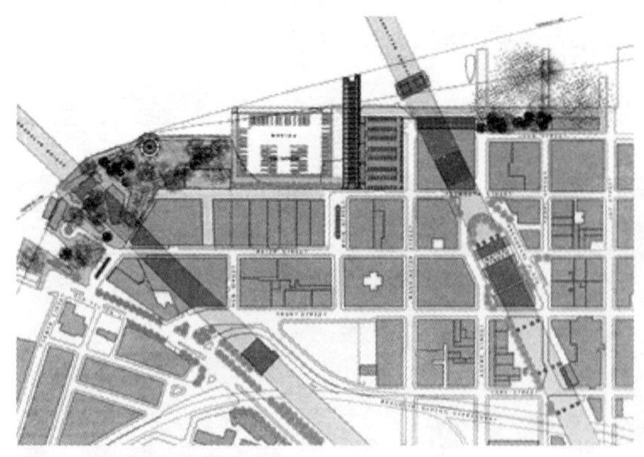

图 3-62
布鲁克林旅馆总平面

图 3-63
布鲁克林旅馆内景

图 3-64
布鲁克林旅馆的凸窗

断切换。房间被设想为宽敞的阳台，可以俯视到布鲁克林大桥（the Brooklyn Bridge）或者城市的天际线，以及对面的曼哈顿岛和威廉斯堡（Williamsburg）大桥。这些景观的巨大冲击力源于前景中的桥，这桥与背景轮廓产生对比，包括自由女神像、从南大街港口到帝国大厦的天际线。水上旅馆实际上是一座位于两座大桥之间的“桥”，这是一个犹如从轮船甲板上观赏这座城市桥梁的地方。它遵循了纽约水上码头的严格规则，也遵循了直交的城市网格系统。它将建筑立面尽可能地向远处延伸，以至于建筑的悬臂好像到达了河的对岸，使得这座建筑看起来更像是属于曼哈顿而不是布鲁克林。此外，这座旅馆前厅的西侧立面设有一个长达 100 多米的凸窗可供游人观赏对岸。健康俱乐部设在曼哈顿桥下，它的地面在 20 米高的玻璃墙下沿河岸延伸。甚至电影院可以利用这个美景，在电影中间休息时，将荧幕升起，人们可以观赏曼哈顿的天际线和这些桥梁。[22] 因此，让·努韦尔通过对巨大的空间尺度的塑造以及对建筑内在结构变化的把握都恰到好处。这里的所有的景观都需要参照建筑整体才能够活灵活现地表现出来。

结构主义哲学思想丰富了让·努韦尔的设计视野，他在建筑设计过程中所应用的制造“概念”的方法得益于此。让·努韦尔曾说，“如果你认为一个概念是各种想法的结合点，并且这些想法本身可以定义一个由冲突、碰撞和结合组成的特定结构，那你就提出了一种可以在所有建筑中实际和有效的事情的方法。”[18] 他以制造概念的方式，在每一种解释中都能擦出一点火花，进而思考怎样去利用这些思想和现象的集合。这种审慎和哲学思辨的态度使得让·努韦尔在职业道路上走的每一步都与众不同。

3. 现代与后现代

20 世纪下半叶以来，让·努韦尔一直紧紧跟随时代脉搏，以高度的社会责任感积极地投入到建筑创作之中。他不断探索建筑设计与时代的密切结合，他的许多建筑作品都深受建筑界的广泛关注。让·努韦尔的多数建筑作品是在现代主义建筑的基础上加以改良、发展的新现代主义建筑，这体现了 21 世纪建筑学领域对现代主义建筑的理性回归。介乎于现代与后现代之间的风格使得让·努韦尔的设计作品在现实、幻想和象征之间的多个层面上找到了注解。

让·努韦尔擅长用先进的现代技术演绎建筑的现代感，同时又常常是以转瞬即逝的变化元素体现建筑的后现代特征。在让·努韦尔的建筑作品中，往往都运用了一些值得玩味的元素，包括光线、变幻、诗意以及物质性的消解等等。如让·努韦尔在 1998 年设计的法国斯特拉斯堡舒钦伯格（Schutzenberger Brewery）酒馆就是运用光线和图像产生物质转瞬即逝的变化效果。这座建筑建于一个 8 米 ×40 米的窄长地段，因保留了原建筑由玻璃砖砌成的拱顶而在白天形成柔和的光线。为了夸张空间效果，酒馆的长长的墙面被包上了半反射的玻璃，上面投射出广告和标识，并且墙上的屏幕也可以展示给临街或者广场上过往的行人（图 3–65）。图像的半反射和折射共同构成了这个空间的特色，墙面被模糊了，从而使空间的界限变得不对称。而在地下室内，一个长长的半反射玻璃墙被平行放置，使得空间变得更加不可触及。

让·努韦尔对游戏化片断的追求，与弗兰克·盖里（Frank Gehry）、扎哈·哈迪德（Zaha Hadid）等其他建筑师所偏爱的解构、破碎、断裂的形态有所不同。让·努韦尔设计的建筑常常是在简洁、明快的实体形态中创造出善变的、虚幻的建筑空间。因此，让·努韦尔对建筑的后现代性表达更含蓄、更深刻。让·努韦尔在 1991 年设计的德国柏林拉法亚特精品廊就很好地说明了这一点。这座建筑的空间策

图 3–65
斯特拉斯堡酒馆室内

图 3–66
拉法亚特精品廊(左)
图 3–67
拉法亚特精品廊立面图像细部(右)

略是利用混合的功能产生动感。10%的居住功能、15%的办公功能，剩余的作为商业用途。该精品廊设有无材质感的转角，让行人可直接看到建筑的中心，那里有发光的圆锥体，在彩色的光线下闪动（图 3–66，图 3–67）。此外，圆锥体上的图像效果更是引人注目：室内向上开口的圆锥体被用作投射屏，类似的圆锥和圆柱形采光井在办公区使用，平滑的玻璃圆锥和圆柱从屋顶以下穿过顶部的 4 层楼面，为建筑内部的办公室提供自然采光。圆锥体周围的各层环状空间用作过道和会面交流的公共区域。各种图像和信息映射在曲线或锥形的表面，产生出变幻莫测的神秘效果。

伴随着当今媒体和传播技术的迅猛发展，让 · 努韦尔坚持不懈地探索如何创造有生命力的现代与后现代建筑语言。在让 · 努韦尔最新的建筑作品哥本哈根音乐厅（Copenhagen Concert Hall）中，我们可以又一次领略到他的创作激情。

这座建筑 2009 年 1 月对外开放，位于哥本哈根近年来颇具发展潜力的开发区（Ørestad）的北部，是丹麦广播（Denmark Radio）总部的一部分，也将作为丹麦国家交响乐团的基地。无论在白天还是在夜晚，在影像、色彩、灯光的共同作用下，这座平行六面体建筑焕发出神秘的色彩。明亮的蓝色透明外层覆盖着整座音乐厅，建筑的四周设有大型投影设备，夜幕降临时伴随音乐厅里的演出，钴蓝色的大屏幕上流动着内部的景象和片断，这种图像也为附近经过的人们提供了快速阅读的可能性。与之产生

图 3-68
哥本哈根音乐厅室内一（左）
图 3-69
哥本哈根音乐厅室内二（右）

鲜明对比的是一种真实：在没有影像覆盖的部分是网格的幕墙结构和斜撑，还有错综的交通空间连同若隐若现的音乐厅轮廓线。不仅如此，这座建筑的内部也是一个复杂而又充满变化的世界。这座 5000 平方米的音乐厅分为四个单独的音乐空间，其中最大的 1800 座的主演奏厅被抬高到距地坪 10 米的高度，到达主演奏厅的大休息平台通过自动扶梯、楼梯、电梯各种垂直交通连接（图 3-68，图 3-69）。主演奏厅的整个空间由层层木板表皮覆盖，像一个飘浮在空中的巨大木雕。影像投射到层层叠叠的木板上，呈现出破碎的状态，空间的流动和图像的流动如交响曲般和谐。

由此看出，让·努韦尔的理性创作思维所创造出的是一种令人难以置信的诗意。他设计的是一件件实实在在的现代建筑作品，然而现代材料和新技术手段赋予他的建筑以强烈的后现代特征，这种时间与空间维度消解的艺术效果迎合了时下消费社会的审美需求。让·努韦尔的建筑作品不拘一格，但他始终站在时代发展的角度来审视建筑。难得的是，让·努韦尔在很长一段时间内使自己处于不可复制的状态，这是他建筑创作生命力的源泉。

四、建筑诗意表达的互动

让·努韦尔有一种诗性的智慧，他常常以诗性的目光看待建筑，将建筑当作一种具有活泼灵性的、具有生命力的物质实体。谈到诗意表达，我们不由自主地会想到中国文学。中国古代十分注重艺术的表现功能，因而抒情艺术是中国艺术的主流。在抒情文学作品中，常见“诗言志”、“画写意”等字眼。中国建筑师常常将建筑与文学相结合来表达建筑诗意。难能可贵的是，作为一名西方建筑师，让·努韦尔在其建筑创作中一直贯彻着诗意的美学，将建筑的诗意表达得惟妙惟肖。他以信息、情感、场域为媒介，在建筑、人与环境之间搭建了互动平台，实现了真正地诗意栖居。

1. 信息互动

在信息化社会，随着现代技术的飞速发展，人们的思想观念正在经受着各种各样的冲击，建筑师也更加主动地去接受和要求更多更新的信息交流。让·努韦尔认为建筑可被人感知，可传达信息，能产生表现和交流的作用。信息的深层互动使让·努韦尔的建筑作品实现诗意表达成为可能。

让·努韦尔在1990年设计的德国科隆杜蒙·舍贝格出版社总部（Dumont Schauberg）方案生动表现了信息互动下的建筑魅力。在这个方案设计中，让·努韦尔力图创造出一种强烈的企业形象，使这幢建筑能够清晰地表现出现代感。基地处在一个以旧的工业建筑物和印刷厂为标志的地段上，老建筑群、印刷厂以及文化市场显示出地段周边环境的层次感。这个方案的优点是利用周边的树木界定建筑边界，以大面积植被创造一个绿化的背景，进而消解了建筑与周边环境的过渡。地下停车场的设计别具匠心，这个停车场中设有水体和绿化，同时也是一个半开放空间，这些元素使得停车场看起来与总部大楼相分离，构成一个城市景观。而且对空间深度、透明度以及光影变化的表现都是叠置的。一个巨大的屋面遮罩上设有可控的多个孔洞，这些的设置既可以使建筑物免于过热，又可将光的漫射率控制在20%到80%之间变化（图3–70～图3–72）。此外，建筑的立面采用玻璃和镜面抛光的钢为材料，强调了立面光滑的属性。玻璃板通过屏幕印刷的细部使得每个立面更加真实。这些印刷玻璃板读起来像是一个印刷工的工作单，带有柱子和时间表用来传递信息。因此，这座建筑成

图3–70
杜蒙·舍贝格出版社总部展开像帷幕的遮光板（左）

图3–71
杜蒙·舍贝格出版社总部模型（右）

为一个用于信息加工和发布的场所，为员工提供了充满诗意的工作空间。

让·努韦尔常在建筑立面叠印文字与图像，使建筑立面成为活动图像的传递者。对于让·努韦尔而言，光线、材料和颜色在限定建筑空间方面与外观、体量一样重要。如他在1995年设计的法国里尔新城中心综合体（Eurallile），立面上的图像与租户的标识创造了崭新的建筑形象。建筑商业中心部分的屋顶面积超过了4万平方米，由设在沥青表面的网眼式金属格栅构成。这个巨大的屋顶表面上布满了色彩缤纷的灯光和图案，传递出类似机场飞机跑道编码的抽象符号信息，这些信息互动在网格上创造出奇特的、朦胧的感知环境(图3–73～图3–75)。工程建筑师伊莎贝尔·吉约西（Isabelle Guillauic）曾说，“这是最令人激动的空间之一，

图3–72
杜蒙·舍贝格出版社总部立面细部

图3–73
里尔综合体立面(左)
图3–74
里尔综合体室内(右)

图 3–75
里尔综合体模型

我也是能参与其中的少数幸运者之一。”[5] 在购物中心和塔楼的立面设计中，在中性的灰色背景上丝网印刷一连串巨大的全息图像，这些图像所创造出的图案与单个商店的符号产生互动。宿舍部分的立面则使用彩色板并在玻璃表面上用丝网印刷色彩图案。让·努韦尔在支配城市街道空间的局部立面与显示大都市公共意象的整体界面之间制造信息传递，营造出一种非物质化的诗意效果。

建筑无论作为一种美学现象，还是作为信息交流的手段，都已成为人类文化不可分割的一部分。法国南特旅游巴士建筑（Camion Inox）是让·努韦尔在 1992 年设计的一个旅游文化单元。这是一种用于举行展览、召开会议或是播放广播的巴士建筑。这座建筑采用卡车拖车的形式，可以自由展开，因此它可以被放置在任何地方（图 3–76）。在这个卡车式建筑的内外都设有闪烁发亮的指示器，使其成为一种传递文化和旅游信息的使者。由此看出，让·努韦尔应用先进的现代技术创造出信息互动的建筑形象和丰富的建筑空间，这充分体现了在信息化社会中建筑师对信息交流的重视。让·努韦尔所创造的充满动态图像、虚幻信息的建筑适应了信息化时代人们对非物质化的追求，促进了建筑设计领域空间审美、艺术价值的变革。

图 3–76
Inox 的外景

2. 情感互动

建筑的意义在于人们能够在其中得到一种独特的情感体验。美国美学家苏珊·朗格（Susanne K.Langer）认为，“艺术是表现人类情感的符号。建筑艺术意味着把一个场地转变成具有特定性格与意义的场所”。[23] 因此，建筑作为一种思想表达的符号，可以给人以众多的直观感受，使人产生广泛的联想。人们在感知建筑和体验环境的过程中，往往通过情感互动赋予建筑一定的性格和表情。让·努韦尔一直乐此不疲地探索能在情感上产生震撼力的建筑作品。

让·努韦尔的一段话非常精辟，他说：“感性及艺术的历史中，许多重大的发展都是从庸俗发展而成，事实上当我听到某些事被人认为是庸俗的时候，我立刻会对那件事产生兴趣。”[24] 让·努韦尔设计的卢塞恩文化会议中心是一座集中了音乐厅、会议中心和展览馆的综合体建筑。这个设计极富挑战性：既要避免与老建筑对抗，破坏固有文脉，又要在景观和城市的尺度上获取一个标志性的、令人振奋的新形象。通过让·努韦尔精心大胆的设计，这座现代建筑的文化功能被淋漓尽致地发挥出来，同时建筑形象和建筑体验与古城默契成趣。其一，整个建筑置于一个巨大的屋盖下，挑檐上的顶棚反射出湖水、渡轮、城市，甚至行人的模糊光影。因此环境体验被巧妙地融入到亦真亦幻的景致之中。其二，会议中心和音乐厅两者都选深色金属板做墙面，音乐厅搭配使用了不同色调，有暗红、墨绿、钴蓝等等，墙面上还开有一些大尺寸的窗洞，并选用暗色调玻璃。建筑立面并不因为色调暗淡而单调乏味，反而由于周围光景的反射呈现出变化多样的建筑表情，仿佛音乐旋律的重重变奏。让·努韦尔的这种色彩调控暗示了古典音乐的精神。其三，让·努韦尔对城市环境持一种诗意超然的态度，他采用暗色调的外墙将体形弱化，巨大尺度的观景窗对应着城市，使建筑尽可能在城市景观的层次上获得融入自然环境的机会（图 3–77 ~ 图 3–79）。

图 3–77
卢塞恩文化会议中心

图 3-78
文化会议中心局部外观一（左）
图 3-79
文化会议中心局部外观二（右）

让 · 努韦尔结合建筑功能、自然环境，以情感互动拓展建筑艺术的感知方式，创造出独具美感的现代建筑。

让 · 努韦尔在 1989 年的竞标项目法国图书馆（Bibliothèque de France）是一座超大规模的图书馆，也体现了在建筑中融入情感体验的设计思想。它的基地位于塞纳河岸和通往奥斯德立兹（Austerlitz）的铁路线之间，横跨了一系列老工业区。这个地段是巴黎仍未开发的几个地区之一，新图书馆将成为该地区的代表建筑。基于对图书馆与城市相应发展的审慎选择和考虑，让 · 努韦尔在他的这个图书馆项目中突出地表现了胚芽的概念。通过使用生物进化的创意理念产生情感互动，并以此作为对社会未来发展的宣言。人类智慧像树的生长一样是无限的，因此，让 · 努韦尔产生了采用树状结构的灵感，并以此作为人类智慧的隐喻。建筑的树干部分横跨于塞纳河上，成为连接塞纳河左岸的贝尔西公园（Bercy Park）和塞纳河右岸的托尔比亚克街区（Tolbiac quarter）的纽带（图 3-80）。这座超大图书馆被视为城市的一部分，其所覆盖区域的街道丰富了图书馆的内涵，沿着这些街道有各自独立的设施丰富了人们的生活。这座图书馆将与城市共同发展，因此应允许其空间能够容纳艺术与体验以一种互动的模式整合。与传统建筑突出几何性、强调理性有所不同，让 · 努韦尔充分考虑新时代人们对多元化感知体验的需求，将城市的真实带入建筑的空间之中。

图 3-80
法国图书馆方案

西班牙布尔戈斯人类学

图 3-81
人类博物馆剖面

图 3-82
人类博物馆立面细部

博物馆（Burgos Museum of human evolution）是让·努韦尔探索通过建筑达成情感互动的又一力作。这座建筑将唤起阿塔普埃尔（Atapuerca）考古遗迹，乍看之下它是一座不显眼的地表建筑，在那埋藏着远古时代人类的祖先。让·努韦尔将它设计成为一个科学研究的场所，在那人类的诸多技术发展阶段和专门的技巧都通过赭石地面上的彩色纹理、编码的刻度以及复杂的图案表达出来。这座博物馆像是围绕着布尔戈斯城的地势与景色的再现。它被周边传统的灌木植被所覆盖，同时可拆卸的、轻薄的金属结构显现出它是一种暂时的科学研究活动场所（图 3-81，图 3-82）。一条由岩石组成的斜路通向了入口，在那人们能够看到在博物馆立面一侧、在具有透明屋顶的城市广场上，巨大的赭石墙壁不禁使人们联想到研究设备。在广场中心西侧，布尔戈斯大教堂限定了巨大的入口通道。阳光透过一个比万神庙的圆窗还要大些的圆窗射入建筑内部，创造充满光线的神秘空间。光滑的不确定形状的拱顶展现了一种绝对的现代性。在弯曲的轮廓上的闪烁的抛光材料能够唤起安尼诗·卡普尔（Anish Kapoor）的涂漆工艺的艺术效果。光线的空间、不确定性、反射与深度在两种审美体验中产生了对比，一种起源于数千年前，另一种则发生于如今的新千年。让·努韦尔以细腻精致的设计手法，塑造出生气盎然且富有诗意的建筑空间，引起了人们心灵的震撼和情感的共鸣。

以上的实例表明在让·努韦尔的建筑创作中，情感的互动对于表达建筑、表现空间是至关重要的。一件好的建筑作品不能只停留在表面形式上，而是要深入到情感的趋向中去探索其审美意识和精神本源，建筑空间的情感化塑造赋予其新的意义。让·努韦尔的建筑作品因凝聚和展示特定的情感而大大提升了艺术的表现力。

3. 场域互动

场域（field），在数学和物理学中指力场、磁场等。法国社会学家皮埃尔·布尔迪厄（Pierre Bourdieu）认为，场域是指一种关系网络，一个场域是由依附于某种权力或资本形式的各种位置之间的一系列客观历史关系组成。艺术评论家罗塞琳·克罗斯（Rosalind Krauss）认为，“物体就从视觉的领域转移出来，取而代之的是反形式概念的场域。”[25] 在建筑领域中，美国建筑师斯坦·艾伦（Stan Allen）在《场域状态》一文中指出，“当代建筑中对场域的研究与艺术界的转变同步发展并且有所关联。近年来，场域研究的发展还参照了数学的场域理论、非线性动力学等特别是与计算机技术从单纯地模拟物体向动态的数字场域转变的趋势相平行。”[25] 斯坦·艾伦所谈及的场域是一些类城市的建筑状态，是指从中观的城市视野去看待建筑。因此，场域不仅是一种建筑形式，更重要的是它容纳了城市场景事件和生活体验。

让·努韦尔在2006年设计的法国巴黎灯塔大厦（Tour Phare）是通过场域互动体验实现建筑诗意表达的一例。这座大厦在建筑形式上是独特的，与19世纪工业革命的产物埃菲尔铁塔大有不同。埃菲尔铁塔是镂空结构的铁塔，而灯塔大厦是21世纪视觉革命的产物，它的富有魅力的神秘图像、即时的数字化图像既丰富了人们的信息来源，又令人们着迷。这个灯塔大厦方案通过一个巨大的、回转的建筑顶部实现了建筑与城市和谐对话的构想。灯塔大厦是一个通俗而富有诗意的内涵建筑，它被赋予了具有人，或是机器人的特点。这个方案的一个重要的理念是建筑与城市你中有我，我中有你，互为增色。灯塔大厦的顶部被调整到观察人们的最佳视角，同时也使人们能够更好地观赏灯塔大厦。这个方案充分地展示了场域的概念：它象征巴黎超越传统界限的延伸，它向观者展示着巴黎人的生活、巴黎城市的美丽以及法国的舒适闲暇(图3−83～图3−85)。它强化了巴黎西部的景观，

定义了从库尔伯瓦（Courbevoie）到普托（Puteaux）到南泰尔（Nanterre）等等所延伸的城市的边界。它清晰地表述了拉·德方斯正在发生的变化，它将变成一个无论白天还是黑夜都具有吸引力的场域中心。同时它也说明法国首都巴黎将继续成为一个现代化的城市，这种现代化的标识也是与21世纪世界上的其他城市所不同的。

让·努韦尔在俄罗斯圣彼得堡天然气工业公司的设计方案中，也建立了建筑与城市之间场域的互动。这个杰出的建筑物将是俄罗斯天然气工业股份公司（Gazprom）在圣彼得堡设立的办公总部，通过对这座建筑的感觉、观赏和使用，可以真切地感悟到它作为一个提升城市魅力、深化城市特征的标识而存在。它将作为连接圣彼得堡城市的历史与未来的桥梁，展示城市的发展实力。若是采用一般的全球化建筑形式，或是复制学院派的传统建筑风格，都无法实现。让·努韦尔的设计方案是充分尊重建筑

图 3–83
灯塔大厦全景（上左）
图 3–84
灯塔大厦外观（上右）
图 3–85
灯塔大厦立面局部（下左）
图 3–86
圣彼得堡天然气工业公司模型（下右）

与城市的场域元素，即在圣彼得堡多样化的天空下，与涅瓦河（Neva）相呼应，使建筑的垂直立面标志出城市，并且当太阳落山时，建筑所投射出的阴影与成排的树木创造出具有深度的空间（图 3-86）。这座建筑物的体量被透明和反射所弱化，竖向结构采用薄壁的结构形式，且沿河岸水平方向延伸，形成内部的人行走道。沿着狭长的观景楼可以远眺这座城市，为在这里工作的人们留下一个在变幻的天空下圣彼得堡城市的永恒的画卷。因此，这个方案舍弃了传统塔楼形式，取而代之的是一种新型的、具有诗意的高层城市建筑。

上述的实践和探索充分地反映了让 · 努韦尔综合的服务观和高度的社会责任感。冯 · 福尔斯特（Heinz Von Forester）曾说过，“建筑语言是含蓄的语言，目的在于引导解释。建筑语言又是认识的催化剂，暗示一种道德责任，建筑师和从事负有这类责任的任何人都应遵守。”[26]让 · 努韦尔执迷于对建筑语汇的玩味和运用，他擅长协调各种修辞行为和设计手法，创造出令人舒适、愉悦和震撼的建筑作品。正如美国作家菲兹杰拉德（F. Scott Fitzgerald）所说，“修辞是一种用以协调社会行为的交际活动，唯其如此，修辞交际才清楚地表明它是实用的。其目的就是影响人们在某些急需处理的具体事务上的选择，已达到人际互动的目的。”[27]让 · 努韦尔突破了功能主义的限制和现代主义理性的束缚，凭着其细致而敏锐的观察力，深入思考城市问题和感悟生活，努力探索新时代的建筑创作。诗意的追求拓展了让 · 努韦尔的建筑内涵，深化了他的设计主题。让 · 努韦尔在现代主义和后现代主义之间探索出独具个性的新现代建筑之路。

注释：

[1] 彼得 · 柯林斯著 . 英若聪译 . 现代建筑设计思想的演变：1750~1950. 北京：中国建筑工业出版社 .1987：203~207

[2] 恩斯特 · 卡西尔 . 语言与神话 . 三联书店出版社 .1988：167

[3] http://news.sina.com.cn/c/cul/2008-04-09/110215321063.shtml

[4] http://www.buildcc.com/index.php/21496/viewspace-237165

[5]康威·劳埃德·摩根著. 白颖译. 让·努韦尔: 建筑的元素. 中国建筑工业出版社 .2004：180，100，161，159，44，27，207，61

[6] http://www.rebnet.com.cn/dk_show.asp?ShoeNews_ID=147

[7] Oliver Boissiere. Jean Nouvel. Birkhäuser Verlag. 1996

[8] Giampiero Bosoni.Jean Nouvel—Architecture and Design 1976—1995.Thames and Hudson Ltd, London. 1997:37~165

[9] http://www.pritzkerprize.com

[10]辞海编辑委员会 . 辞海(缩印本). 上海: 上海辞书出版社 . 1979

[11] 刘峰 . 论建筑空间的模糊性 . 室内设计 .1996，2：19

[12] 周宗惠，建筑中介空间，台湾：胡氏图书出版社，1988

[13] 谭学纯，唐跃 . 艺术符号辞典 . 北岳文艺出版社 . 1990，11：157~182

[14] http://www.livingsteel.cn/knowledge/case-studies/cognacq-jay-

[15] Giampiero Bosoni. Jean Nouvel:Architecture and Design, 1976—1995.Thames and Hudson Ltd, London. 1997:7~95

[16] 肯尼思 · 弗兰姆普敦 . 现代建筑：一部批判的历史 . 原山等译 . 中国建筑工业出版社 .1988.8：378

[17] http://www.xoyue.com/viewthread-1014.html

[18]大师系列丛书编辑部 . 让 · 努韦尔的作品与思想 . 北京: 中国电力出版社 .2006：12，17，27，20

[19] http://news.xinhuanet.com/newscenter/2008-04/04/content_7911419.htm

[20] 沃野 . 结构主义及其方法论 . 学术研究 .1996，(12)：35~40

[21] http://www.hrbcc.gov.cn/Html/Article/kcsj/kcsjlt/98123.html

[22] http://www.jeannouvel.com/english/preloader.html

[23] 诺伯格 · 舒尔茨著 . 尹培桐译 . 存在 · 空间 · 建筑 . 中国建筑工业出版社 .1990：35

[24] 李翩，薛浩东译 . Jean Nouvel. 台北：圣文书局有限公

司 . 1999：35

[25] 赵榕 . 从对象到场域——读斯坦 · 艾伦《场域状态》. 建筑师 . 2005，2：79~85

[26] Forester H V. Berliner Architckturder zoer Jahrer. Berlin：Verlag. Neuc Bauhausbuecher.1995

[27] 虞朋，布正伟 . 关于现代建筑语言中的修辞 . 世界建筑 . 2002，12：78~82

[28] http://www.china-crb.cn/HTML/2007/jzbd/200810195.html

结　语

在当代西方建筑领域中，让·努韦尔是一位杰出的法国建筑大师。让·努韦尔自1970年代开始在建筑界崭露头角，近40年来他对于创造性建筑实践有着无止境的追求，不断创作出富有时代意义、独树一帜的建筑作品，获得了建筑界的普遍赞赏。让·努韦尔的突出成就在于他抓住了新时代融合的契机，实现了新建筑文化的建构与建筑创作中技术与情感的平衡，探索出独具个性的新现代主义建筑创作之路。

让·努韦尔好奇而敏锐的思维促使他在设计方式上并非套用教条或者直接的答案，而是讲究逻辑和方法。他的这种做法极大地拓展了当代建筑语汇的范围，丰富了现代建筑的内涵。对历史文化传统的传承、对潜在可行性的驾驭、对现代技术的敏锐感知以及对诗意浪漫的孜孜以求，为让·努韦尔的建筑创作带来新的活力，将建筑的理论与实践推向一个新的高度。

一、让·努韦尔对文化的建构，注解了新时代建筑创作的深刻内涵。在激变的时代，让·努韦尔并没有迷失方向，而是紧紧抓住时代脉搏，将历史文化与时代精神相融合。他将建筑与环境、真实性与潜在性、传统与现代等各种因素交织在一起，形成了多方位的对话。他以独特的视角审视历史传统，在历史传统中找到属于时代的文本。

二、让·努韦尔对技术的兴趣，带来了建筑艺术思潮的涌动和发展。在让·努韦尔的建筑创作过程中，技术不只是一种建造方法，更重要的是通过技术传达一种诗意和情感。技术理性与艺术感性的交融使得他的从一种建筑的技术保障手段转化为一种建筑的艺术表现手段。先进的现代技术为建筑师创作提供了更为广阔的空间。

三、让 · 努韦尔对诗意的追求，展现了建筑语言和修辞手法的魅力。他执迷于对建筑语汇的玩味和运用，他擅长协调各种修辞行为和设计手法，创造出令人舒适、愉悦和震撼的建筑作品。让 · 努韦尔在建筑、人与环境之间搭建了互动平台，使建筑丰富和饱满起来。他的建筑在其所处的自然环境和人文环境中呈现出独特风格，实现了真正地诗意栖居。

虽然让 · 努韦尔没有深刻的、系统的理论，但是他有艺术家的灵感、修养和气质，让 · 努韦尔设计的建筑作品在形式和表现上与众不同。他的建筑作品之所以被广泛认可，主要在于他的对于自然、技术、传统、现代、电影、图像等各元素的充分融合而形成的独到的建筑理念，以及他勇于创新的建筑实践。他在每一个建筑的设计过程中都对现实生活中的诸多因素给予理性的分析，对方案作出可行性的积极探索。这些建筑往往给人以多层次体验，具有典型的非物质化特征，具有一定的复杂性，而这些特征也恰恰映射出建筑的新时代融合。

让 · 努韦尔的大量优秀建筑作品带来我们深刻的思考：融合是新时代建筑创作的一个重要选择。进入 21 世纪，社会生活方式、文化理念、审美价值观发生深刻的变化，它们相互融合共同构筑了建筑的发展趋势。通过对让 · 努韦尔建筑设计理念与实践的剖析，我们明确了一个建筑创作的方向——即从传统和现代中吸取精华，努力创造具有时代精神、尊重历史与环境并具有浪漫诗意的建筑。让 · 努韦尔的这些成功的创作经验将为中国今后的建筑设计提供些许有益的启示。

参 考 文 献

[1] 李保峰．生态、技术和诗意的表达——格雷姆肖的建筑创作之路．世界建筑．2002，1:60~65

[2] 叶如棠．迎接新世纪的挑战，加速中国建筑走向世界的步伐——中国建筑学会第八届理事会工作报告．建筑学报．1997，2:11

[3] 李翩，薛皓东译．Jean Nouvel．台北：圣文书局有限公司．1999:35

[4] 徐千里．创造与评价的人文尺度．中国建筑工业出版社．2000:205，224

[5] 让·努韦尔．世界建筑导报——法国现代建筑专辑．世界建筑导报社．1999，01/02:116 ~ 139

[6] 钱正坤．世界建筑史话．国际文化出版公司．2000，1:1~18

[7] 史章．巴黎市长谈巴黎．世界建筑．1981，3：60~63

[8] 史坦利·亚伯克隆比．建筑的艺术观．天津大学出版社．2001，10:6~175

[9] 许祖华．建筑美学原理及应用．广西科学技术出版社．1997，10:108~113

[10] Giampiero Bosoni. Jean Nouvel:Architecture and Design 1976−1995.Thames and Hudson Ltd, London. 1997：7~95

[11] Oliver Boissiere. Jean Nouvel. Birkhäuser Verlag. 1996:1~209

[12] 崔世昌．现代建筑与民族文化．天津大学出版社．2001，1:15~67

[13] 张弦．巴黎阿拉伯世界研究院．世界建筑．2002，2:24~26

[14] 弗朗西斯科·阿森西奥·塞韦尔．世界新建筑——高层建筑 1．王贵祥、宋晔皓译．中国建筑工业出版社．1997，5:160~171

[15] 联合国教科文组织·保护世界文化和自然遗产公约．1972，11:16

[16] 张斌．Jean Nouvel：感觉世界中的冲浪者．建筑学报．2000，10:12~15

[17] 周祥，邓燕嫦．功夫在建筑外．中外建筑 .2001.2：29~31

[18] 吕舟．法国现代建筑回顾．世界建筑 .1996，1:77~79

[19] Robert Jensen.Ornamentalism in Architecture & Design. Clarkson N.lnc Publishers. 1984：20~47

[20] 刘先觉．现代建筑理论——西方现代建筑装饰理论．中国建筑工业出版社 .1996，10:5，537~560

[21] 崔栋良．现代装饰色彩．黑龙江美术出版社 .1992，7：71

[22] 陈晓文．巴黎南代尔——拉德方斯“主轴线”．世界建筑 .1991，5:38~39

[23] 袁镜身，扬芸．巴黎建筑考察漫记．世界建筑 .1982，3：8~15

[24] 阿贸．圣安镇社会住宅．世界建筑 .1992，3:36~37

[25] 宝力格．南特法院．世界建筑 .2001，3：22

[26] Conway Lloyd Morgan. Jean Nouvel—The Elements Of Architecture. Thames and Hudson，London. 1998:20~236

[27] 楚柯．让·努韦尔在美国设计居里特剧院．世界建筑 .2002，6:13

[28] Victotia Versicherungen. Jean Nouvel—Emmanuel Cattani And Associates，Four Projects. Artemis Verlags-AG，Zurich.1992:7~90

[29] Jean Nouvel.The International Design Yearbook 1995 Vol 10. Abbeville Press，Inc.1995，4:18~89

[30] 李道增．“新制宜主义”的建筑观．世界建筑 .1998，6：76~79

[31] 约瑟·皮埃尔．象征主义艺术．人民美术出版社 .1988，12:1

[32] 楚柯．马德里的博物馆设计再现端庄主流．世界建筑 .2000，2:13

[33] 渊上正幸．世界建筑师的思想和作品（日）．中国建筑工业出版社 .2000，3

[34] Jean Nouvel. Present and Futures：Architecture in Cities. Distributed Art Publishers.1997，1:19~205

[35] 恩斯特·卡西尔．语言与神话．三联书店出版社 .1988:167

[36] 《曙光》纪念集编委会．国际建筑师协会第 20 届世界建筑师大会纪念集——曙光．中国建筑工业出版社 .2000，2:154

[37] 芭芭拉·A·坎贝尔（英）．世界新建筑口袋丛书——巴黎．中国建筑工业出版社 .2001，10:83 ~ 87

[38] 程世丹．现代世界百名建筑师作品．天津大学出版社．1993:189~191

[39] Martin Meade. Vichy revival. Architectural Review.1988:55~58

[40] William j.r.curtis. modern architecture since 1900.Prentice-hall, Inc.1996:617~689
[41] 齐欣．里尔美术馆改扩建．世界建筑．1998，2:36~41
[42] 沈克宁．贝尔福市立剧院整修．世界建筑．1986，3:39~41
[43] 谭学纯，唐跃．艺术符号辞典．北岳文艺出版社．1990，11:157~182
[44] 虞朋，布正伟．关于现代建筑语言中的修辞．世界建筑．2002，12:78~82
[45] 单黛娜，栗德祥．法国当代百名建筑师作品选．中国建筑工业出版社．1991:176~178
[46] 邵峻．飘忽不定的诗篇——参观让·努韦尔的几座新建筑．新建筑．1997，2:55~58
[47] 陈伯超，王英迪．欧洲新建筑．中国建筑工业出版社．1995，11:8~9
[48] 苏珊·朗格，刘大基等译．情感与形式．中国社会科学出版社．1986:14~38
[49] R·斯克鲁登．建筑美学．中国建筑工业出版社．1992:1~6
[50] 支文军，徐千里．体验建筑——建筑批评与作品分析．同济大学出版社．2000，2:3~64
[51] 王增荣．传统与现代．世界建筑．1986，5:23
[52] 王路．世界建筑20年．天津大学出版社．2000:88~196
[53] 陈伯超．世界建筑形态美．辽宁美术出版社．2000，12:105~191
[54] 曼弗雷多·塔夫里，弗朗西斯科·达尔科．现代建筑．中国建筑工业出版社．2000:39~214
[55] 过二武，伍江泽．France建筑工作室．中国建筑工业出版社．1999:8~197
[56] 欧内斯特·伯登．世界建筑简明图典．中国建筑工业出版社．1999，10:12~103
[57] 向松林．世界建筑之最．中国建筑工业出版社．1989，1:1~42
[58] 萧默．世界建筑．湖南少年儿童出版社．1991，12:2~99
[59] 余秉楠．网格构成．天津人民美术出版社．1986，5:1~3
[60] 朝仓直巳，陈小清．光构成．广西美术出版社．1995，3:45~78
[61] 杨春时．艺术符号与解释．人民文学出版社．1989:17
[62] 巴赫金．哲学美学．河北教育出版社．1998:328~353
[63] 赖美琴．现代化视野中的哲学与文化．广东人民出版社．1999，3:143

[64] 安吉拉·默克罗比．后现代主义与大众文化．中央编译出版社．2001，1:20

[65] 金易·夏芒．实用美学—技术美学．吉林大学出版社．1995，12:195~203

[66] F·L·赖特．建筑的未来．中国建筑工业出版社．1992，9:194~298

[67] 王绍森．透视“建筑学”—建筑艺术导论．科学出版社．2000,8:6~62

[68] 覃力．现代建筑创作中的技术表现．建筑学报．1999，7：47~52

[69] 吴玉坚．现代建筑文化发展的基本动力——科学技术．华中建筑，1999，1：4~6

[70] 高强，覃力．“高技术”与“高情感”．建筑师．83期：30

[71] 季元振．结构理性主义的现实意义——关于中国建筑业现状的思考．世界建筑．2000，2：61~63

[72] 余谋昌．文化新世纪．东北林业大学出版社．1996，12:39~42

[73] 乔弗莱·斯谷特．人文主义建筑学．文化艺术出版社．1991:3~50

[74] 蒋玮，朱谋隆．试论当代高技术建筑的情感化趋向．建筑师．1998.12:33~41

[75] 余靖芝．都尔会议中心，法国．世界建筑．1996.1:36~40

[76] 朱洁．建筑中的玻璃文化浅谈．中外建筑．1999.4:36~38

[77] 吕学军．地域建筑文化的发展与创新．中外建筑．2001．3:97~99

[78] 姜凡．世纪末的回眸，纷乱中的求索．世界建筑．2001，1：64~72

[79] 王瑛．给旧建筑注入新的生机．建筑学报．2001，5：60~62

[80] 法国建筑工作室．法国建筑工作室的指导思想．世界建筑．2002，2:17~22

[81] 金磊．建筑科学与文化．科学技术文献出版社．1999，10:262~264

[82] 李世芬．走向多元——试论我国新时期建筑创作倾向．天津大学硕士学位论文．1996，6：72~79

[83] 张建洪．创造象征——论建筑中的象征因素．同济大学硕士学位论文．1993，3:24~58

[84] Olivier Boissiere. Euralille.Birkhäuser Verlag.1996：112~116

[85] Jean Nouvel.A+U.362:30 ~ 65

[86] Penny Mcguire.Work Ethic. Architectural Review. 2000，9：80~82

[87] Simon Franke. Sustainable Architecture. NAI Publishers, Rotterdam.1999:19

[88] Francisco Asensio Lerver. Architectural Promenade. Whitney

Library Of Design. 1998:178~180

[89] Jean Nouvel. Institut Du Monde Arabe. Princeton Architectural Pr. 1990, 4:13~47

[90] Goulet, Patrice. Works of Jean Nouvel: special feature. A+U Vol no. 214, 1988, 6: 134~147

[91] Toni Häfliger, Luca Deon. Photographs by Jean Nouvel. Birkhäuser Publishers. 1998, 8: 73~88

[92] 马克思恩格斯全集 3 卷 :535

[93] Otto Riewoldt. Intelligent Space: Architecture For The Information Age. Laurance King Publishing, London. 1997: 7

[94] Rudolf Wittkower. Architectural Principles.London.1998: 4~23

[95] Catherine Stessor. Eco-Tech Sustainable Architecture and High Technology. Thames & Hudson, London: 1997: 66~67

[96] EspritNouvel. ArchitecturalRecord. 1988, 6:128~138

[97] C.Jencks. Architecture Today. The Academy Group LTD, London. 1993: 6~19

[98] http://www.china.com.cn/chinese/zhuanti/resource/1249079.htm

[99] 陈梦觉摘译．法国里昂歌剧院．时代建筑．1994，3：60~62

[100] 支文军,王佳．消融于丛林中的艺术圣殿 记巴黎盖·布朗利博物馆．时代建筑．2007，6：118~124

[101] 金成勋．三星美术馆．装饰．2007，10：28~32

[102] http://www.gefang.com.cn/2007/6-16/11331754451. html

[103] 大师系列丛书编辑部．让·努韦尔的作品与思想．北京：中国电力出版社 .2006：108，186

[104] 叶露．让·努韦尔的设计理念解析．南方建筑．2006，9：133~135

[105] 康威·劳埃德·摩根著．让·努韦尔：建筑的元素．中国建筑工业出版社．2004：8~232

[106] 雷鑫．让·努韦尔：影像与建筑的对话．电影评介．2007，6：74~76

[107] http://www.citycolor.com.cn/color.do?cmd=getDetail&id=240&se=sczs

[108] http://www.10000study.com/culturelife/view/13911

[109] http://www.news365.com.cn/wxpd/ss/ds/200501/t20050131_381889.htm

[110] 叶林楠．哥本哈根音乐厅．Domus China．2009，4（031）：16~21

图片说明：

康威·劳埃德·摩根著．白颖译．让·努韦尔：建筑的元素．中国建筑工业出版社．2004

图 0-2，图 1-25 ~ 图 1-27，图 1-29，图 1-57，图 1-63，图 1-113，图 2-24，图 2-28，图 2-30 ~ 图 2-33，图 2-41，图 3-1，图 3-2，图 3-6，图 3-12，图 3-16，图 3-40，图 3-41，图 3-51 ~ 图 3-53，图 3-72

Olivier Boissière. Jean Nouvel. Birkhäuser Verlag. 1996

图 0-4，图 1-1，图 1-2，图 1-4，图 1-5，图 1-36，图 1-55，图 1-59，图 1-69，图 1-71，图 1-101，图 1-110，图 1-114，图 1-115，图 2-43，图 2-45，图 2-48，图 2-51 ~ 图 2-53，图 2-66，图 2-74，图 2-100，图 2-105，图 3-18，图 3-29，图 3-31，图 3-55，图 3-71，图 3-80

Yukio Futagawa. GA Document extra：Jean Nouvel. Dai Nippon Printing Co.,Ltd. 1996，07

图 1-30，图 1-67，图 2-76，图 3-24，图 3-25，图 3-66，图 3-73 ~ 图 3-75

Nobuyuki Yoshida. Jean Nouvel 1987-2006. A+U Publishing Co., Ltd. 2006

图 1-10，图 1-17，图 1-84，图 1-85，图 2-26，图 2-42，图 2-58，图 2-59，图 2-103，图 3-8，图 3-14，图 3-63

Giampiero Bosoni. Jean Nouvel：Architecture and Design 1976 - 1995. Thames and Hudson Ltd, London. 1997

图 1-23，图 1-24，图 1-78，图 2-49，图 2-68，图 2-75，图 3-19，图 3-20，图 3-39，图 3-54，图 3-56，图 3-76

世界建筑．2010，05（239 期）

图 1-34，图 1-35，图 1-47，图 1-80，图 2-13，图 2-14，图 2-17，图 2-34，图 2-63，图 3-28，图 3-45

Yukio Futagawa. GA Document 41. Dai Nippon Printing

Co.,Ltd. 1994

图 1-48, 图 2-20, 图 2-21, 图 2-43, 图 2-44, 图 2-80, 图 2-89

大师系列丛书编辑部．让·努维尔的作品与思想．北京：中国电力出版社. 2006

图 1-98，图 2-10，图 2-25，图 2-72，图 2-73，图 2-92，图 2-101, 图 2-102, 图 3-57, 图 3-58 ～图 3-60, 图 3-63 ～图 3-65，图 3-68，图 3-69，图 3-82

Yukio Futagawa. GA Document 78. Dai Nippon Printing Co.,Ltd. 2004

图 1-16

Yukio Futagawa. GA Document 64. Dai Nippon Printing Co.,Ltd. 2001

图 1-76，图 3-7，图 3-42

Yukio Futagawa. GA Document 27. Dai Nippon Printing Co.,Ltd. 1990

图 1-117，图 1-118，图 2-38

Yukio Futagawa. GA Document 88. Dai Nippon Printing Co.,Ltd. 2005

图 2-35

Yukio Futagawa. GA Document 93. Dai Nippon Printing Co.,Ltd. 2006

图 2-64，图 2-99

Yukio Futagawa. GA Document 57. Dai Nippon Printing Co.,Ltd. 1999

图 2-84，图 3-5

Yukio Futagawa. GA Document 69. Dai Nippon Printing Co.,Ltd. 2002

图 2-90，图 2-91，图 2-93

Yukio Futagawa. GA Document 67. Dai Nippon Printing Co.,Ltd. 2001

图 3-48 ～ 3-50

自拍

图 0-6，图 0-7，图 1-9，图 1-21，图 1-22，图 1-107，图 2-7，图 3-15

http://artslope.com/wp-content/uploads/2010/07/Jean-Nouvel.jpg

图0-1

http://www.kjmu.org.tw/upload/space/118869864_c4ca6dfad4_b.jpg

图0-3

http://picasaweb.google.com/lh/photo/6x5E98z9vSwlKqXzxCy2Mw

图0-5

http://www.seg-immoag.at/uploads/tx_asfotos/Gasometer_A_RGB_300dpi.jpg

图0-8

http://www.architectureweek.com/cgi-bin/awimage?dir=2006/0823&article=design_1-1.html&image=13172_image_1.jpg

图0-9

http://en.wikipedia.org/wiki/Jean_Nouvel

图0-10

http://farm4.static.flickr.com/3275/2931973658_1d546a56c3.jpg

图1-4

http://static.panoramio.com/photos/original/58085.jpg

图1-38

http://www.archifield.net/vb/showthread.php?p=7784

图1-39，图1-40

http://blog.svconline.com/briefingroom/2008/05/29/guthrie-theater-and-minnesota-opera-use-robert-juliat-topaze-and-manon-followspots-in-twin-cities/

图1-45

http://static.panoramio.com/photos/original/17125882.jpg

图1-46

http://static.panoramio.com/photos/original/2071357.jpg

图1-47

http://villaimg.focus.cn/upload/photos/1331/43pOQiuD.

jpg

图 1-58

http://upload.wikimedia.org/wikipedia/commons/4/42/Expo02_op6987.jpg

图 1-60

http://www.kayak.com/himg/77/55/0f/leonardo-s57969-s57969_room_01_j-image.jpg

图 1-64

http://www.qype.co.uk/place/38863-The-Hotel-Luzern/photos/27423

图 1-65

http://upload.wikimedia.org/wikipedia/commons/f/f8/Quai_Branly_exhibit_05.JPG

图 1-72

http://static.panoramio.com/photos/original/19608717.jpg

图 1-75

http://static.panoramio.com/photos/original/19608734.jpg

图 1-77

http://commondatastorage.googleapis.com/static.panoramio.com/photos/original/19608734.jpg

图 1-86

http://aedesign.files.wordpress.com/2009/08/img_0359.jpg

图 1-87

http://farm2.static.flickr.com/1091/3170039780_40611df4b0_o.jpg

图 1-88

http://www.checkonsite.com/wp-content/gallery/leeum-samsung-museum-of-art-m2/leeum-samsung-jn.jpg

图 1-89

http://www.arkitectrue.com/wp-content/uploads/2007/04/paris02.jpg

图 1-92 ~图 1-94

http://en.wikipedia.org/wiki/Louvre_Abu_Dhabi

图 1-103

http://www.moveoneinc.com/blog/middle-east/rain-light-louvre-abu-dhabi/

图 1-104

http://www.worldarchitecturenews.com/index.php?fuseaction=wanappln.showprojectbigimages&img=5&pro_id=13443

图 1-105

http://static.panoramio.com/photos/original/3195872.jpg

图 1-106

http://static.panoramio.com/photos/original/9072400.jpg

图 1-122

http://commondatastorage.googleapis.com/static.panoramio.com/photos/original/19608722.jpg

图 2-1

http://commondatastorage.googleapis.com/static.panoramio.com/photos/original/35854589.jpg

图 2-2

http://static.panoramio.com/photos/original/1574395.jpg

图 2-11

http://static.panoramio.com/photos/original/12316355.jpg

图 2-12

http://www.artdaily.com/index.asp?int_new=24475&int_sec=2

图 2-13

http://forum.skyscraperpage.com/showthread.php?t=145626

图 2-14

http://opus.arting365.com/entironment/2007-11-20/1195562814d179370.html

图 2-15 ~图 2-16

http://opus.arting365.com/entironment/2008-03-31/1206962280d188257_1.html

图 2-36

http://www.archifield.net/vb/showthread.php?p=7784

图 2–37

http://commondatastorage.googleapis.com/static.panoramio.com/photos/original/22928931.jpg

图 2–39

http://commondatastorage.googleapis.com/static.panoramio.com/photos/original/11102633.jpg

图 2–54

http://commondatastorage.googleapis.com/static.panoramio.com/photos/original/11102633.jpg

图 2–55

http://commondatastorage.googleapis.com/static.panoramio.com/photos/original/35390183.jpg

图 2–56

http://commondatastorage.googleapis.com/static.panoramio.com/photos/original/21831282.jpg

图 2–57

http://static.panoramio.com/photos/original/3036799.jpg

图 2–70

http://static.panoramio.com/photos/original/24940615.jpg

图 2–71

http://static.panoramio.com/photos/original/19608717.jpg

图 2–86

http://i116.photobucket.com/albums/o10/TurkanaDK/switzerland/luzern/lucerneIMG_7974.jpg

图 2–104

http://commondatastorage.googleapis.com/static.panoramio.com/photos/original/7712898.jpg

图 3–3

http://i116.photobucket.com/albums/o10/TurkanaDK/switzerland/luzern/lucerneIMG_7974.jpg

图 3–4

http://commondatastorage.googleapis.com/static.panoramio.com/photos/original/35390183.jpg

图 3–10

http://static.panoramio.com/photos/original/10376747.jpg
图 3-13
http://en.wikipedia.org/wiki/Jean_Nouvel
图 3-26 ~图 3-28
http://static.panoramio.com/photos/original/3195872.jpg
图 3-32
http://static.panoramio.com/photos/original/17608656.jpg
图 3-35
http://static.panoramio.com/photos/original/19698193.jpg
图 3-36
http://static.panoramio.com/photos/original/24825872.jpg
图 3-67
http://static.panoramio.com/photos/original/5052012.jpg
图 3-77
http://static.panoramio.com/photos/original/23349112.jpg
图 3-78
http://static.panoramio.com/photos/original/24799990.jpg
图 3-79
http://www.archicentral.com/wp-content/images/axe-historique-finale-copie.jpg
图 3-83
http://www.archicentral.com/wp-content/images/386.jpg
图 3-84
http://www.archicentral.com/wp-content/images/295.jpg
图 3-85
http://wirednewyork.com/forum/showthread.php?t=11638
图 3-86

附录 1　让 · 努韦尔主要作品年表

1970~1973	Delbilgot Residence, Villeneuve sur Lot, France 代尔贝格特之家，洛特河畔维尔纳夫，法国
1970~1974	Delanghe Residence, Périgueux, France 迪兰夫住宅，佩里格，法国
1971~1972	Baillais–Printing House, Paris, France 贝拉斯印刷厂，巴黎，法国
1972~1974	Kindergarten School, Trélissac, France 幼儿园，特雷利萨克，法国
1975~1976	Trocadéro Library and Médiathèque, Paris, France 馨乐庭图书馆和媒体中心，巴黎，法国
1976~1978	Dick Residence, Troyes, France 迪克住宅，特鲁瓦，法国
1976~1979	Surgical Center of the Notre–Dame, Bezons, France 瓦勒 · 圣母院外科诊所，伯宗，法国
1977*	Gaité Lyrique Theater, Paris, France 盖特莱瑞克剧场，巴黎，法国
1978*	Immeuble de Ville, Cergy Pontoise, France 伊梅博尔市政厅，塞吉 – 蓬图瓦兹，法国
1978~1979	Devoldère Residence, Troyes, France 克雷梅尔住宅，特鲁瓦，法国
1978~1980	College Anne Frank, Antony, France 法兰克安妮学院，安东尼，法国
1979*	DDE, Poitiers, France 设备装备公司，普瓦捷，法国

1980~1984 Les Godets, Antony, France
莱斯戈代教育中心，安东尼，法国

1980~1984 Renovation of Belfort Municipal Theater, Belfort, France
贝尔福市立剧院改造，贝尔福，法国

1981* Pub Renault, Paris, France
雷诺酒店，巴黎，法国

1981~1982 Péniche Club of Press Renault, Paris, France
雷诺汽车公司俱乐部，巴黎，法国

1981~1982 Sea Center, Kerjouanno, France
海洋中心，科阿诺，法国

1981~1986 Gymnasium, Marne-la Vallée, France
体育馆，马恩拉瓦谷，法国

1981~1987 Insitut du Monde Arabe (IMA), Paris, France
阿拉伯世界文化研究中心，巴黎，法国

1981~1987 The Dome: Cultural Center, Combs-la-Ville, France
文化中心，库姆斯拉维尔，法国

1982* Jussieu Campus, Paris, France
耶稣大学校园扩建，巴黎，法国

1982* Ministry of Finance, Paris, France
财政中心大楼，巴黎，法国

1982* Parc de la Villette, Paris, France
拉维莱特公园，巴黎，法国

1982* Tête Défense, La Défense, Paris, France
德方斯尽端规划，拉·德方斯，巴黎，法国

1982~1987 Hermet-Biron Operation: Social Housing in St-Ouen, Saint-Ouen, France
圣安瑞社会住宅，圣安瑞，法国

1983* Salle de Rock, Bagnolet, France
摇滚音乐厅，巴诺雷，法国

1983* Universal Exposition 1989, Paris, France
1989 世界博览会，巴黎，法国

1983 Yves Dauge Office, Paris, France
伊夫奥尔特事务所，巴黎，法国

1984*	Médiathèque and Contemporary Art Center, Nîmes, France 传媒与现代艺术中心，尼姆，法国
1984*	Tuileries, Paris, France 杜伊勒利，巴黎，法国
1985*	Centre Spectacles et Séminaires, Saint Quentin, France 森米乃尔中心景观，圣康坦，法国
1985*	Parc de la Villette–Galerie des Jeux, Paris, France 拉维莱特公园，巴黎，法国
1985~1987	Extension of Dhuoda Technical School, Nîmes, France 多达技术学院扩建，尼姆，法国
1985~1987	Nemausus housing 1, Nîmes, France 纳莫休斯住宅1期，尼姆，法国
1985~1989	Institute for Scientific and Technical Information (INIST), Nancy, France 国立科学技术情报中心，南锡，法国
1986*	City Hall, Massy, France 大型商业中心，梅西，法国
1986*	Etat des Choses, Nogent–sur–Marne, France 行政法院，诺让苏马尔尼，法国
1986*	New National Theater of Japan, Tokyo, Japan 日本新国家剧院，东京，日本
1986	Sport Center, Nîmes, France 体育中心，尼姆，法国
1986~1993	Lyon Opera House, Lyon, France 里昂新歌剧院，里昂，法国
1987*	Fondation Cartier, Jouy–en–Josas, France 卡蒂埃基金会，朱昂萨斯，法国
1987*	Prefecture, Paris, France 新县巴黎大厦，巴黎，法国
1987*	Sarah Maternity Clinic, Kremlin–Bicêtre, France 萨拉妇产诊所，克雷姆兰 · 比塞特尔，法国

1987~1988	Bailly Gallery，Paris，France 巴伊画廊美术馆，巴黎，法国
1987~1988	Hit Parade，Paris，France 海特帕蒂零售店，巴黎，法国
1987~1988	ONYX，Saint-Herblain，France 昂斯文化中心，圣埃尔布兰，法国
1987~1989	Saint James Hotel，Bordeaux，France 圣·詹姆斯旅馆，波尔多，法国
1987~1991	Pierre et Vacances，Cap d'Ail，France 皮埃尔度假中心，卡普戴尔，法国
1988*	European Tower，Herouville-Saint-Clair，France 欧洲大厦，艾胡维尔·圣克莱尔，法国
1988*	Health and Beauty Center，Vichy，France 健康与美容中心，维希，法国
1988*	Kansai International Airport，Osaka，Japan 关西国际机场，大阪，日本
1988*	Palais de Tokyo，Paris，France 东京宫，巴黎，法国
1988*	Rodin Museum，Paris，France 罗丹博物馆，巴黎，法国
1988	Beaubourg-Année 50 Exhibition，Paris，France 波布 50 年度展览，巴黎，法国
1988~1992	CLM-BBDO，Lssy-les-Moulineaux，France 广告代理总公司，雷莫里诺市，法国
1989*	Ackerman，Kriens，Switzerland 阿克曼股份公司，奎伦斯，瑞士
1989*	France Japan Symbol，Tokyo，Japan 法日纪念碑，东京，日本
1989*	French Pavilion-Universal Exhibition，Seville，Spain 世界展览会法国展馆，塞维利亚，西班牙
1989*	International Conference Center，Paris，France 国际会议中心，巴黎，法国
1989*	King's Cross，London，UK 国王十字办公楼，伦敦，英国

1989* Master Plan, Rotterdam, the Netherlands
港口地区总体规划，鹿特丹，荷兰

1989* Museum, Salzburg, Austria
博物馆，萨尔茨堡，奥地利

1989* Port de la Lune, Bordeaux, France
德拉萨月光港口，波尔多，法国

1989* Quene de la Baleine, Rotterdam, the Netherlands
德拉巴莱博物馆，鹿特丹，荷兰

1989* TGB, Paris, France
大型图书馆，巴黎，法国

1989* Three Towers, Rotterdam, the Netherlands
三塔高层住宅，鹿特丹，荷兰

1989~1994* Tour sans fins, La Défence, Paris, France
无限塔，巴黎，法国

1989 ADP Office, Paris, France
机场公司办公楼，巴黎，法国

1989 Institut Monde Arabe-Egypt Exhibition, Paris, France
阿拉伯世界文化中心－埃及展览，巴黎，法国

1989~1990 Interdica, Fribourg, Germany
泰尔迪卡工厂，弗里堡，德国

1989~1991 Poulain, Blois, France
普兰工厂办公楼，布洛瓦，法国

1989~1992 Bailly Apartments, Paris, France
巴伊公寓，巴黎，法国

1989~1992 Cartier CTL, Saint-Lmier, Switzerland
卡蒂埃办公楼，圣伊米耶，瑞士

1989~1993 Housing, Tours, France
住宅，图尔，法国

1989~1993 Tourism Office, Tours, France
旅游局办公楼，图尔，法国

1989~1993 VINCI International Conference Center, Tours, France
芬奇国家会议中心，图尔，法国

1990*	Dumont Schauberg, Cologne, Germany 杜蒙·舍贝格出版社总部，科隆，德国
1990*	French Pavilion–Biennale, Venice, Italy 双年展法国馆，威尼斯，意大利
1990*	Ideas Competition for the Frankfurter AIlgemeine Zeitung, Berlin, Germany 法兰克福汇报创意竞赛，柏林，德国
1990*	Palais de Cinema, Venice, Italy 帕莱斯电影宫，威尼斯，意大利
1990*	Smichov, Prague, Czech Republic 斯米霍夫地区规划，布拉格，捷克共和国
1990*	TV Studio, Rotterdam, the Netherlands 电视广播大楼，鹿特丹，荷兰
1990~1992	Bus Terminal, Tours, France 客运站，图尔，法国
1990~1992	Hotel des Thermes, Dax, France 垂姆斯旅馆，达克斯，法国
1990~1992	Perception, Herouville–Saint–Clair, France 知觉研究院，艾胡维尔 · 圣克莱尔，法国
1990~1993	ZAC Parmentier, Bezons, France 开发区帕门蒂埃住宅楼，伯宗，法国
1990~1994	Genoscope, Lanaud, France 畜牧中心，拉那多，法国
1991*	EPAD, La Dé fence, Paris, France 拉 · 德方斯区域开发规划，巴黎，法国
1991*	Island Path, Nanterre, France 岛屿道路设计，南特尔，法国
1991~1993*	Cologne–Mediapark 1, Cologne, Germany 媒体园综合楼，科隆，德国
1991	Expo Georges Boudaille, Paris, France 乔治 · 布达耶尔展览会，巴黎，法国
1991~1994	Euralille, Lille, France 里尔新城中心综合体，里尔，法国
1991~1994	Foundation Cartier for contemporary art, Paris,

	France 卡蒂尔基金会现代艺术中心，巴黎，法国
1991~1996	Galeries Lafayette, Berlin, Germany 拉法亚特精品廊，柏林，德国
1992*	Airport, Cologne, Germany 机场，科隆，德国
1992*	Cathedral Esplanade, Chartres, France 教堂广场，沙特尔，法国
1992*	CHU, Nîmes , France 大学医院中心，尼姆，法国
1992*	Crossing A86, Joinville-Le-Pont, France A86隧道景观，约纳维尔桥市，法国
1992*	Jussieu Library, Paris, France 朱西厄图书馆，巴黎，法国
1992*	Jussieu Porte Avion, Paris, France 朱西厄航母研究中心，巴黎，法国
1992*	Reichstag, Berlin, Germany 新国会大厦，柏林，德国
1992*	SEMNA, Nanterre, France 塞姆奈景观规划，南特尔，法国
1992*	Sulzer Areal, Winterthur, Switzerland 苏雷亚尔综合体，温特图尔，瑞士
1992	Camion Inox, Nantes, France 旅游巴士建筑，南特，法国
1992 ~ 1993	Parking, Tours, France 停车场，图尔，法国
1993*	Seine Rive Gauche, Paris, France 塞纳河左岸规划设计，巴黎，法国
1993*	Stadtbadmitte, Frankfurt, Germany 市政中心办公楼，法兰克福，德国
1993~2000	Courthouse in Nantes, Nantes, France 南特法院，南特，法国
1993~2000	Cultural and Conference Center, Lucerne, Switzerland

	文化和会议中心，卢塞恩，瑞士
1993~2002	Sarlat Sainte-Marie Church，Sarlat-la-Canéda，France
	萨尔拉圣玛丽教堂，加内达 · 萨尔拉，法国
1993~2003	Gallo-Romain Museum，Périgueux，France
	盖洛 · 罗曼博物馆，佩里格，法国
1994*	Grand Stade，Saint-Denis，France
	大型体育场，圣德尼，法国
1994~1995*	Saitama Arena，Saitama，Japan
	埼玉体育场，埼玉，日本
1995*	Tenaga，Kuala Lumpur，Malaysia
	能源中心，吉隆坡，马来群岛
1995	Parc de la Villette-Mesure Démesure，Paris，France
	拉维莱特公园，巴黎，法国
1995~1999	Fondation Cognacq-Jay，Rueil-Malmaison，France
	科尼亚克 · 热基金会敬老院扩建，吕埃耶－马尔迈松，法国
1995~1999	Interunfall，Bregenz，Austria
	保险公司总部大楼，布雷根茨，奥地利
1995~2001	Andel Building，Prague，Czech Republic
	安洛大厦，布拉格，捷克共和国
1995~2001	Gasometer A，Vienna，Austria
	煤气中心 A 改建，维也纳，奥地利
1996*	Bis Bank，Basel，Switzerland
	贝斯银行，巴塞尔，瑞士
1996*	Crystal Tower，London，UK
	水晶塔，伦敦，英国
1997*	French Embassy，Berlin，Germany
	法国大使馆，柏林，德国
1997*	G Project，Seoul，Korea
	G 办公楼，汉城，韩国
1997*	Philharmonic Hall，Luxermbourg
	爱乐音乐厅，卢森堡
1997~1999	Musée de la Publicite，Paris，France

	德拉萨公共图书馆，巴黎，法国
1997~2000	Expo 2000 Future of Work，Hanover，Germany
	2000年世博会规划，汉诺威，德国
1997~2000	Science Park，Mons，Belgium
	科学园，蒙斯，比利时
1997~2004	Samsung Museum of Art (Leeum)，Seoul，Korea
	三星艺术博物馆，汉城，韩国
1998*	ENI Headquarters，Rome，Italy
	埃尼总部大楼，罗马，意大利
1998*	Opera House，Beijing，China
	歌剧院，北京，中国
1998*	Stadium，Geneva，Switzerland
	体育场，日内瓦，瑞士
1998~1999	Schutzenberger Brewery，Strasbourg，France
	舒钦伯格啤酒厂，斯特拉斯堡，法国
1998~2000	The Hotel，Lucerne，Switzerland
	卢塞恩旅馆，卢塞恩，瑞士
1998~2001	Cologne-Mediapark 2，Cologne，Germany
	科隆媒体大楼2，科隆，德国
1998~2002	Dentsu Tower，Tokyo，Japan
	电通大厦，东京，日本
1998~2003	Technopole，Wismar，Germany
	技术中心，维斯马，德国
1998~2005	Cité Nature Museum，Arras，France
	城市自然博物馆，阿拉斯，法国
1999*	Cultural Center，Saint Jacques，Spain
	文化中心，圣地亚哥，西班牙
1999*	Hotel and Main Street Pier，New York，USA
	酒店和主街码头，纽约，美国
1999*	Kiryat Arieh Office，Tel-Aviv，Israel
	阿里基亚特事务所，特拉维夫，以色列
1999*	Museum of Contemporary Art，Rome，Italy
	当代艺术博物馆，罗马，意大利
1999*	Riverside，Prague，Czech Republic

	河边法院，布拉格，捷克共和国
1999*	The Jorge Vergara Cabrera Culture, Convention and Business Center (JVC), Guadalajara, Mexico 乔赫沃盖卡布雷拉总公司，瓜达拉哈拉，墨西哥
1999*	UEC (Urban Entertainment Center), Frankfurt, Germany 都市娱乐中心，法兰克福，德国
1999~2002	Expo 02, Morat, Switzerland 2002 世博会，穆尔登，瑞士
1999~2005	Agbar Tower, Barcelona, Spain 艾伯格大厦，巴塞罗那，西班牙
1999~2005	Extension of Museo Nacional Centro de Arte Reina Sofía, Madrid, Spain 雷那 · 索菲亚国立博物馆与艺术中心扩建，马德里，西班牙
1999~2006	Musée du Qual Branly, Paris, France 盖·布朗利博物馆，巴黎，法国
2000*	Arena, Prague, Czech Republic 竞技场，布拉格，捷克共和国
2000*	Center, Brünnen, Switzerland 商娱中心，布鲁南，瑞士
2000*	Chamber of Commerce, Prato, Italy 商业会所，普拉托，意大利
2000*	Diagonale, Barcelona, Spain 对角线景观，巴塞罗那，西班牙
2000*	Landmark, New York, USA 地标高层住宅，纽约，美国
2000*	Leisure Center, Locarno, Swizerland 休闲中心，洛迦诺，瑞士
2000*	Museum of Hunman Evolution, Burgos, Spain 人类历史博物馆，布尔戈斯，西班牙
2000*	Peace Monument, Mount Ora, Jerusalem, Israel 和平纪念碑，耶路撒冷，以色列
2000*	School of Arts, Pont Aven, France

	艺术学院，蓬达旺，法国
2000*	The Jerusalem Hotel, Tel-Aviv, Israel
	耶路撒冷饭店，特拉维夫，以色列
2000*	Treatment Plant, Bergamo, Italy
	处理厂，贝加莫，意大利
2000/2001*	Carnegie Science Center, Pittsburgh, USA
	卡内基科学中心，匹兹堡，美国
2000*	Art and History Museum, Geneva, Switzerland
	艺术与历史博物馆，日内瓦，瑞士
2001*	Barcelona Stadium, Barcelona, Spain
	巴塞罗那体育场，巴塞罗那，西班牙
2001*	Congress and Leisure Center, La Coruña, Spain
	国会和休闲中心，拉科鲁尼亚，西班牙
2001*	Jussieu Uniersity, Paris, France
	耶稣大学，巴黎，法国
2001*	Los Angeles County Museum of Art (LACMA), Los Angeles, USA
	洛杉矶艺术博物馆，洛杉矶，美国
2001*	Olympic Games 2008, Paris, France
	2008 年奥运会会场，巴黎，法国
2001*	Regional Center, Turin, Italy
	区域中心，都灵，意大利
2001*	Tokyo Guggenheim, Tokyo, Japan
	东京古根海姆博物馆，东京，日本
2001	Exposition Mutations, Bordeaux, France
	突变展览，波尔多，法国
2001	Guggenheim Museum Brazil Exhibition, New York, USA
	古根海姆纽约博物馆巴西展览，纽约，美国
2001~2006	Brembo Technology Center, Bergamo, Italy
	布莱姆博技术中心，贝加莫，意大利
2001~2006	Guthrie Theater, Minneapolis, USA
	格思里剧院，明尼阿波利斯，美国
2001~2007	Richemont Headquarters, Geneva, Switzerland

	历峰总部大厦，日内瓦，瑞士
2001~2006	Soho Grand Residential Apartments, New York, USA Soho 大型住宅，纽约，美国
2001~	City Metropolitana, Barcelona, Spain 市大都会，巴塞罗那，西班牙
2001~	Poble Nou Park, Barcelona, Spain 普韦布洛公园，巴塞罗那，西班牙
2002*	Brooklyn Visual and Performing Arts Library, New York, USA 布鲁克林视觉与表演艺术图书馆，纽约，美国
2002*	Grimonprez Stadium, Lille, France 格里蒙普雷体育场，里尔，法国
2002*	Guggenheim Museum, Rio de Janeiro, Brazil 古根海姆博物馆，里约热内卢，巴西
2002~	Doha High Rise Office Building, Doha, Qatar 多哈高层写字楼大厦，多哈，卡塔尔
2002~2009	Symphony Hall, Copenhagen, Denmark 交响音乐厅，哥本哈根，丹麦
2002*	Hotel in Florence, Florence, Italy 佛罗伦萨酒店，佛罗伦萨，意大利
2003~	Ferrari Factory, Modena, Italy 法拉利工厂，摩德纳，意大利
2003*	Les Halles Projects, Paris, France 勒斯商场项目，巴黎，法国
2003*	Sheik Zayed bin Sultan al Nayan, Abu Dhabi, UAE 扎耶德清真寺，阿布扎比，阿联酋
2003*	Taichung Opera House, Taichung, Taiwan 台中歌剧院，台中，中国台湾
2003~2005	Hotel Puerta America, Madrid, Spain 普埃尔塔酒店，马德里，西班牙
2003~	City Hall, Montpellier, France 大会堂，蒙彼利埃，法国
2003*	Corniche, Doha, Qatar

	海滨大道休闲中心，多哈，卡塔尔
2003~	Landmark Project, Beirut, Lebanon 地标综合体项目，贝鲁特，黎巴嫩
2003~	Learning Resource Center, Nicosia, Cyprus 学习资源中心，尼科西亚，塞浦路斯
2003~	One New Change, London, UK 多功能开发项目，伦敦，英国
2003~	Tower 25 Stasinou, Nicosia, Cyprus 综合体大楼，尼科西亚，塞浦路斯
2004*	Federal Polytechnic School of Lausanne, Lausanne, Switzerland 联邦理工学院洛桑学院，洛桑，瑞士
2004*	Mode Gakuen Project, Tokyo, Japan 化妆学校项目，东京，日本
2004*	The Lcelandic National Concert&Conference Center and Hotel, Reykjavik, Iceland 国立音乐厅及会议中心和酒店，雷克雅未克，冰岛
2004*	Valencia Litoral, Valencia, Spain 海湾餐厅，巴伦西亚，西班牙
2004~	Chateau la Coste Winery, Aix en Provence, France 拉克斯特酿酒厂，艾克斯普罗旺斯，法国
2004~	Geneva Train Stations, Geneva, Switzerland 日内瓦火车站，日内瓦，瑞士
2004*	Housing Project Alcantara, Lisbon, Portugal 阿尔坎塔拉住宅项目，里斯本，葡萄牙
2004*	Kuwait City Center, Kuwait City, Kuwait 科威特市中心项目，科威特市，科威特
2004~	Le Havre Sea Center and Aquatic Complex, Le Havre, France 勒阿弗尔海中心和水产园区，勒阿弗尔，法国
2004~	Trade Fair, Genoa, Italy 贸易博览会展馆，热那亚，意大利
2005*	America's Cup, Valencia, Spain 美洲杯帆船赛场馆，巴伦西亚，西班牙

2005* Amwaj Bouregreg, Rabat, Morocco
安瓦吉伯格城市设计项目，拉巴特，摩洛哥

2005* Guggenheim Museum, Guadalajara, Mexico
古根海姆博物馆，瓜达拉哈拉，墨西哥

2005* Opera, Dubai, UAE
歌剧院，迪拜，阿联酋

2005* Sobella, Las Vegas, Nevada, USA
品牌零售店，拉斯维加斯，内华达州，美国

2005~ Fondation Cognacq-Jay Addition, Rueil-Malmaison, France
科尼亚克·热基金会敬老院扩建，吕埃耶－马尔迈松，法国

2005~ Port-Sérignan, Sérignan, France
塞里尼昂港口，塞里尼昂，法国

2005~ The Theatre de I'Archipel, Perpignan, France
阿希佩尔剧院，佩皮尼昂，法国

2005~ UNIQA, Vienna, Austria
UNIQA 大厦，维也纳，奥地利

2005~ DNP Tower, Kuala Lumpur, Malaysia
DNP 塔楼，吉隆坡，马来群岛

2006~ Life Marina, Ibiza, Spain
马瑞纳里公寓，伊比萨，西班牙

2006~ Port Complex, Tangiers, Morocco
港口综合体，丹吉尔，摩洛哥

2006~ 100 11th Avenue, New York, USA
100 11th 大街公寓，纽约，美国

2006~ Hotel Catalonia, Barcelona, Spain
加泰罗尼亚酒店，巴塞罗那，西班牙

2006~ Porto Senso, Altea, Spain
波尔图森索项目，阿尔塔，西班牙

2006~ Housing, Vic, Spain
住宅，维多利亚，西班牙

2006~ Gare d'austerlitz, Paris, France
德奥斯特利茨火车站，巴黎，法国

2006~ Horizons, Boulogne, France
地平线项目，布洛涅，法国

2006~ IGH Building, Marseille, France
IGH 大楼，马赛，法国

2006~ Bilbao Residential, Bilbao, Spain
毕尔巴鄂住宅，毕尔巴鄂，西班牙

2006~ Housing, Ordino, Spain
住宅，奥尔迪诺，西班牙

2006~ Champs-Elysées Gallery, Paris, France
香榭丽舍画廊，巴黎，法国

2006~ Louvre, Abu Dhabi, UAE
卢佛尔宫古典艺术博物馆，阿布扎比，阿拉伯联合酋长国

2006~ Port, Vigo, Spain
港口，比戈，西班牙

2006* Gazprom City, Saint Petersburg, Russia
俄罗斯天然气工业公司，圣彼得堡，俄罗斯

2007~ The Media Library, Colle Val d'Elsa, Italy
媒体图书馆，埃尔萨卡纳，意大利

2007~ Tower, Milan, Italy
塔楼，米兰，意大利

2007~ Red October, Moscow, Russia
红十月巧克力厂，莫斯科，俄罗斯

2007~ Santa Guilia, Milan, Italy
圣朱利亚镇总体规划，米兰，意大利

2007~ Ardmore Point Tower, Singapore, Malaysia
雅茂峰大厦，新加坡，马来群岛

2007~ La Philharmonie de Paris, Paris, France
巴黎爱乐厅，巴黎，法国

2007~ Tour Verre, New York, USA
威尔大厦，纽约，美国

2008~ Suncal Tower, Los Angeles, USA
高层住宅，洛杉矶，美国

注：本附录参见 http://www.pritzkerprize.com，其中 * 为未建成作品，~ 为在建作品。

附录 2 让 · 努韦尔荣誉与奖项

1983 Ordre des Arts et des Lettres

获文学与艺术协会勋章

1983 Silver Medal, French Academy of Architecture

获法兰西建筑学院银牌奖

1983 Doctor "Honoris Causa" University of Buenos Aires

布宜诺斯艾利斯大学荣誉博士称号

1987 Chevalier Ordre de Merit

获法国骑士荣誉勋章

1987 Equerre d'Argent for Institut du Monde Arabe

获法国国家建筑大奖

1987 Equerre d'Argent for Institut du Monde Arabe

以巴黎阿拉伯世界文化研究中心获得银角尺奖

1989 Aga Khan Prize for Institut du Monde Arabe

以巴黎阿拉伯世界文化研究中心获得阿 · 卡汗大奖

1990 Architectural Record Prize for the Saint James Hotel

以圣詹姆斯旅馆获得《建筑实录》奖

1993 Equerre d'Argent for Lyon Opera House

以法国里昂歌剧院获得银角尺奖

1993 Honorary Fellow, AIA Chicago

成为芝加哥美国建筑师协会荣誉会员

1995 Honorary Fellow, RIBA

成为英国皇家建筑师协会荣誉会员

1997 Commandeur of Ordre des Arts et des Lettres

获法国艺术与文学骑士勋章

1998	Gold Medal from the French Academy of Architecture 法国建筑学院金奖
2000	Golden Lion from 7th International Architecture Exhibition，Venice Biennale 获第七届国际建筑展威尼斯双年展金狮奖
2001	Royal Gold Medal from RIBA 英国皇家建筑师协会金奖
2001	Praemium Imperiale achitecture laureate 获日本皇家世界文化奖
2001	Borromini Award for the Culture and Convention Center in Lucerne 以瑞士的卢塞恩文化会议中心获得波罗米尼大奖
2002	Chevalier of the Legion d’honneur 获得法国骑士勋章
2002	Honorary Doctorate of the Royal College of Art，London 获英国皇家艺术学院荣誉博士称号
2002	Doctor“Honoris Causa”University of Naples 那不勒斯大学荣誉教授
2003	Honorary Doctorate，Royal Academy of Art，Copenhagen，Denmark 丹麦哥本哈根皇家艺术学院名誉博士学位
2005	The Wolf Foundation Prize in the Arts 获沃尔夫建筑奖
2008	The Pritzker Architecture Prize 获普利茨克建筑奖

注：本附录参见 http://www.pritzkerprize.com。